西班牙廚神
璜‧洛卡的烹飪技藝大全

全球第一餐廳 El Celler de Can Roca

從廚房管理、食材研究到工具運用，**75** 道精緻料理 + **17** 種經典醬汁

璜‧洛卡Joan Roca———著　陳怡婷———譯　黃瑞敏———審訂

暢銷
典藏版

Cocina con

Joan Roca

Técnicas básicas para cocinar en casa

LaVie⁺麥浩斯

Master Chef 書系
西班牙廚神 璜・洛卡的烹飪技藝大全
推薦序

（依姓氏筆劃排列）

把一件事做到極致的堅持

我經常與人分享這個概念：人一生做好一件事就夠了。就像大師花了幾十年的功夫，才把一件事做到極致，這是身為廚師最需要「堅持、堅持、再堅持」的工作態度。舉凡枝節末微的小事，都能用盡心思、仔細斟酌。民以食為天，食物的精緻可代表一個國家的進步與水準，美食就是傳遞文化的一種方式。

這是一系列很實用的工具書，不但圖文並茂、淺顯易懂，也表達對新鮮及在地食物的尊重。作者不藏私地把所有細節鉅細靡遺地娓娓道來，讓閱讀者有脈絡可循，終能一窺大師精湛廚藝，展現大師風範，值得學習。

——雲朗觀光集團餐飲事業群總經理　丁原偉

美食滋味的立體延伸

我想我是能用食物寫日記的人。到過許多餐廳，拍照記錄當下的美食，一段時間過去，翻開那些照片，當時的場景還有食物的美好滋味，又立刻湧上心頭。

特別是一些吃了會流眼淚的食物。可能是紐約的街邊漢堡、洛杉磯的墨西哥菜、香港的烤乳豬、台南的虱目魚湯……某個地方的某個料理、某位大廚的某道名菜，回想起來就像3D的效果，當時的色香味好像就在身邊迴盪，也或許再加上當時陪在身邊一起分享感動的人事物。

謝謝製造幸福感動的主廚們！相信「Master Chef」會讓所有讀者包括我自己，從自身的美食記憶中繼續延伸，了解主廚的故事，讓食物的滋味從3D再變成4D，更加地有滋有味。

——年代新聞「藝饗年代」主播　田燕呢

人生必訪的料理之境

從小在眷村長大的我，品嚐到來自各個地方的美食特色，讓我對吃充滿了期待與好奇，也開啟了我步入美食與料理人生之旅的契機。

這場美食之旅，除了概念上的人生經歷，也是我在世界各地踏尋料理原味的真實旅程；從實習時輾轉在法國各地餐廳習藝，到如今頻繁造訪歐美或日本名廚餐廳，便是為了開闊更 寬廣的國際視野，然後回歸並反饋到自身的廚藝追求；如同料理，雖然需要不斷追求創新、與時俱進，但最終永遠仍是要回歸傳統的精神。

誠如本書作者Joan Roca在序中所言，「烹飪不僅是情感的一部分，更應該考慮其意義和價值。我們應該維持自己國家的飲食文化、習俗和傳統。」我非常認同他對於傳統的尊敬與重視。近20年來，西班牙料理憑藉著分子廚藝的創新研發崛起躍居全球美食版圖，但過於著重視覺效果，往往導致「有色但不俱香與味」之弊，相信Joan Roca也有看見這樣的現象，在Escola d'Hosteleria de Girona擔任教職的他，一定也經常提醒年輕一輩廚藝研習者莫忘傳統。

此外，有別於一般食譜，這本書強調「均衡營養」與「廚房管理」，尤其是「廚房管理」，與日本企業製造現場的「5S管理」(整理 せいり：整頓 せいとん：清掃 せいそう：清潔 せいけつ：素養 しつけ。)概念不謀而合，通常這概念是運用在營業、專業場域的，但Joan Roca巧妙地將這觀念轉化到一般家庭的廚房裡，藉此提高了家常料理的水準，也提升了生活品質。Joan Roca不僅是一位主廚，更是一位生活的藝術家。

——北京上海健一集團餐飲技術總監　任全灘

引領進入餐飲殿堂的精華祕訣

十多年前，我在因緣際會下進入了餐飲業。因為對食物懵懂的認識，起初我屢次受挫於和廚師們的溝通，當時毅然決然地興起訓練自我飲食品味的一連串計劃。食遍並觀摩世界名廚的餐廳，便成為自我開竅的迅速方法之一，而米其林的星級餐廳更成為了我的聖經和導航員——從Alain Ducasse、Pierre Garnaire、Joël Robuchon、Thomas Keller、Nobu Kotamaki，到台灣之光江振誠、壽司之神小野二郎等。只要旅行時有機會，我一定設法帶著夥伴和廚房人員前往餐廳試菜和品嚐，而每次的造訪，我勢必會要求參觀廚房

一廚房的管理，是最快可以見識主廚功力和火候的地方。

從Thomas Keller的「French Laundry」到奧田透的「銀座小十」，所有的名廚都有如出一轍的共通點——雪白且乾淨明亮的廚房、嚴謹且一絲不苟的工作態度，堅持和專注，仿佛這是他們體內都具有的DNA。如此的經驗累積後，我慢慢見識到餐飲的博大精深與奧妙有趣，我也認為，若要成為餐飲領域中的佼佼者，除了準確完備的精工和實事求是的專業外，更要有十足的創意和美感！

許多人認為餐飲業的門檻低，但唯有專注且投入的不斷研究與熱情，才足以在餐飲界立足並發揚光大。

「Master Chef」書系不同於一般的簡略食譜，而是以最詳盡的解析步驟詮釋大師們的獨門絕技，其中更不乏讓人省卻十年功夫的精華祕訣，相信將能引領許多想要進入餐飲殿堂的人成功登峰造極。

——VVG好樣集團執行長　汪麗琴

....

廚師的禮儀與道德，是廚房組織管理的根本。

相較於其他料理體系，日本料理是「水的料理」，精髓在於刀法、擺盤與食器的協調、嚴格的料理禮法與飲食禮法。料理「禮法」，是日本飲食文化的重要組成。廚師的禮儀與道德，是身為廚師的專業倫理，更是廚房組織管理的根本。所謂廚師倫理，是指專業人員在執行工作時所持更高的道德標準，以維護團隊的職業道德。

廚房組織管理，最困難的是人員特質以及團隊文化的建立，最重要的是持之以恆的紀律養成。從料理概念設計開始，到計劃採購、挑選食材、認識工具、預煮準備、料理程序、保存收納等，此外還有注重個人衛生、工作環境衛生與製程衛生，遵守試吃禮儀，落實標準配方作法，不偷工減料，不浪費食材，不藏私教授。使用專業術語，尊重智慧財產，維護商譽形象等。

料理，是連結人與人之間情感的重要媒介，更是反應一個家庭與城市文明的整體文化水平提升，跨越國籍種族或語言。「Master Chef」書系透過世界頂尖名廚的親自示範，傳遞對料理的概念。很榮幸參與推薦此書系成功順利，又即將推出「西班牙廚神Joan Roca」中文料理書，除了食譜、擺盤，還更進一步論述廚房組織及系統管理方法，令人耳目一新。

藉由此書讓我回顧了廚房管理與飲食文化的關係，獲益非凡。更提醒我經常以「廚德標準」檢視自己及團隊，培養成為「廚師」的專業素養及人格魅力，並長期持續將其標準納入廚房組織管理的訓育考核體制。不只是餐桌需要營造舒適環境與生活品味，廚房也要營造良好環境與工作格調。小至家常料理，大至為

消費者眾料理，更寬遠為台灣飲食文化的歷史進程而料理。期待與「Master Chef」繼續一起努力，創新台灣餐飲業的國際視野、承啟台灣飲食文化。

——新都里懷石料理 研發主廚　林俊名

....

料理品味的畢生追求

我十分樂見「Master Chef」系列書籍的規劃與出版。專業的廚藝料理書籍，對台灣來說實在太重要了。早期在台灣當廚師，很容易被認為是不學無術，使我們失去很多傳承與發揚的機會。隨著時代的進步與國際交流，現在的廚師在台灣越來越受尊重，「料理」也成為被認同的一門藝術。

我自己在近十年前就接觸過日本的料理師傅，他們的專業令我留下深刻印象。包括從內部的食材要求、到外部的經營管理，樣樣都是學問。我認為做「廚師」這個行業，國際觀非常重要，唯有透過國際交流，我們的視野和態度才能成長。

例如西方國家，他們尊重廚藝，把料理視為生活裡的一種美學，這是整個社會文明及文化長期以來的養成。也因如此，在料理的世界裡他們對待食材的細緻與認真就遠遠超過我們。比較可惜的是，台灣以及整個華人地區，對待飲食的態度都仍停留在「烹飪技巧」的層次。你到歐美國家去用餐就會發現，東方及西方世界對待「用餐」這件事的態度完全不同。中式餐廳可能氣氛很熱鬧，餐點和氣氛都很火熱。但是對於西方國家而言，飲食已經融入在他們的生活裡，用餐就是一種享受。可能一餐搭配四種酒、什麼樣的料理搭配什麼酒、整套餐點的流程都是設計過的，這是一種知識和專業的展現。

相信透過「Master Chef」系列書籍的出版，年輕的廚師們能得到實際的幫助。許多廚師由於環境和種種因素限制，沒有辦法得到大師親自傳授或指點，但是透過「Master Chef」這個系列，可以與大師對話，從中獲得啟發。「廚師」不只是單純的職業，而是畢生的追求。

希望「Master Chef」書系能讓社會大眾更加領略料理精神及食藝之美，也更加尊重「廚藝」這個行業，尊重每一位用心料理的廚師。

——台北國賓大飯店行政總主廚　林建龍

技近於道

飲食是每日所見最平凡的事，也是維持生命最重要的事，不可一日無之。

隨著生活水準的提升與文化交流的薰陶，人們對於飲食的要求也日趨精緻，飲食儼然成為五感同時進行的審美活動；「吃」成為一門學問，廚師手中的鍋鏟猶如藝術家手中的刀筆，料理展現的不只是美味，更是對人生、對文化的品味。

由「Master Chef」所引薦，一系列由世界頂尖名廚所著作的料理食譜。將讓讀者透過這些廚藝大師對料理的專注、堅持與用心，見識到他們對食材原味的慎重與對料理過程的一絲不苟。

為了舌尖上的那一味，絕不輕言妥協。

這些世界頂尖名廚所追求和貫徹的廚藝，已然技近於道。料理不再只是精湛的刀工或創意的表演，更透顯著深刻的人文內涵。閱讀他們的料理食譜，不僅是對廚藝技巧的提升，也對開闊台灣餐飲從業人員的視界與胸懷，堅定廚藝之路的墊基與拓展，助益良多。願為之序，誠心推薦。

——國立高雄餐旅大學校長　容繼業

每一口滋味都是向大師學習的課程

W・G・沃斯特夫人在其名著《廚師的十日談》一書中說：「發明一道新菜比發現一顆星星重要得多。因為我們已經有了太多的星星，但是我們卻沒有那麼多豐富的菜。」這段話在今日看來饒有深趣。飲食是最日常的人類活動，一碗清爽的麵，一份簡單的三明治，一杯乾淨的水，一天就這樣過去也是一種從容；然而列鼎而食，鐘鳴饌玉，精工於每一道菜的滋味，周到地安排一場宴席的所有細節，繁複絢麗，盡歡而散的生活也是一種過法。

當今之世，「飲食」漸漸從基本所需成為精緻消費，在美味、營養的追求外，大家也相信了專業人士評比推薦的廚師或餐廳，那些獲得星級肯定的廚藝，更是老饕趨之若鶩的追求。但我們在有幸品嚐之餘，是否真能體會廚師們在每份菜餚上所付出的心思、所奉獻的人生？

雖是我們所熟悉的料理，但大師從選材、切割、調製到擺盤，都蘊含了對食物本身美味及飲饌文化的信仰與堅持，以及其獨特心靈的智慧創意；每一次的上菜，都是一種可貴可歡之發明，不啻豐富了我們生活的內涵，也創造出人類對於飲食的可能想像。因此當我們接受了星級宴饗的款待，倘能對其藝業有更

多的理解，或能將品嚐美食從感官的享受提升至於文化的思索，每一口滋味都是向大師學習的課程，讓我們更深刻地體驗美食之道。

「發明一道新菜比發現一顆星星重要得多」，或許我們更該忘掉那些外在的虛榮，不必計較哪位廚師獲得幾星的肯定，而應真正認識他們那無與倫比的料理概念與創作構成。因此「Master Chef」書系是相當值得期待的美之旅，全書系博雅細膩，引人入勝；無論是想要親身體驗做菜樂趣，或是對美食文化充滿嚮往，意欲一窺大師廚藝的究竟，這套書都值得典藏並細細品味。

——師範大學國文學系教授、知名美食作家　徐國能

唯有大師能成就大師

如果飲食是一門藝術，料理是一段修行，「Master Chef」無疑是廚藝之道的寶卷。不同於一般料理書，「Master Chef」除了對精細工法的演譯講究，連食材照片的呈現都傳來濃濃原味香氣，尤其讀到各位大師的心路初衷，都不免讓人若有所思，心領神會。

餐飲是技術、科學、藝術、人文流露的綜合表現，青年廚師除了需培養扎實的基本功，更應注重軟實力的涵容，創造個人的獨特性與自我想法，成為料理達人，進一步學習大師之道，修鍊大師的視框、思維與氣度。

從本書可看到每位大師近乎於道的苛求與堅持，書籍的鋪排編輯也聞到細膩與用心，難得有媒體願意深度與大師對話，也關心台灣飲食文化的傳承與推廣，希冀透過「Master Chef」的發行有助於台灣餐飲人才育成，打開餐飲人才創新視界與國際接軌。

唯有大師能成就大師，「Master Chef」值得您細細品嚐，回味再三。

——開平餐飲學校校長　馬嘉延

完美，沒有終點

「一旦你決定好自己的職業，你必須全心投入工作之中。你必須喜歡它、迷戀它……你必須窮盡一生磨練技能，這就是成功的祕訣，也是讓人敬重的關鍵。」——小野二郎《壽司之神》

「熬煮一百次高湯就可以累積一百次資料」，日本料理宗師小山裕久如此叨絮。身為料理名亭「德島青柳」的店主，也是奧田透、神田裕行與山本征治等米其林名廚的師父，小山裕久日日重複熬煮高湯的動作，即便是使用相同的食材——柴魚片與昆布——但他仔細探究柴魚片的來源、昆布的部位、水質的風味、火候的差異、熬煮的時間，終於得以自在地做出表彰自身味道的高湯。

所謂的職人精神，就是不厭其煩地日復一日從事同樣的作業，看似簡單，卻需要堅強如鋼的意志才能貫徹始終。重複，並非一成不變，而是在每一次的實踐中追求更善更美的境界。不斷自我要求，不斷提昇精進，職人把自己的工作當成一生的志業，他們希望攀爬生涯的巔峰，也始終心知巔峰從來不真正存在。

完美，沒有終點。

很高興得知麥浩斯La Vie編輯部的「Master Chef」系列再度推出新作，這次登場的是《西班牙廚神 璜‧洛卡 的烹飪技藝大全》。璜‧洛卡(Joan Roca)出身美食世家，他在西班牙加泰羅尼亞開設的El Celler de Can Roca餐廳，不僅榮獲米其林三星肯定，更在2013年和2015年由「世界五十最佳餐廳」評選為世界第一餐廳。璜‧洛卡致力於創新美食的研發，用科學的方法、管理的概念，重視烹飪過程中的每一個細節，與日本職人追求完美的精神不謀而合。璜‧洛卡不藏私地將El Celler de Can Roca的廚房運作方式公諸於世，並提出獨到的見解，讓讀者得以一窺世界頂級餐廳對於美食佳餚的堅持與信念。期待Master Chef書系未來再引進更多大師之作。

——《我的日式料理食物櫃》作者、知名美食家　高琹雯

....

一窺廚藝大師之門

第一眼看到「Master Chef」書系，真是讓我又驚又喜——居然有大廚願意不藏私地公開努力多年的料理祕笈，而這正是台灣廚師、學徒、美食家、經營者目前最迫切需要的專業知識和花大錢也買不到的專門技巧。

在我心中，廚師絕對是一個藝術家。品嚐他們的料理就彷彿是欣賞作品，從每一口食物中，感受他們的

專注和用心。每當有感而發與廚師討論廚藝，對彼此言論產生火花時，更是一場集美食和感官滿足的心靈盛宴。

拜讀「Master Chef」便讓我有如在品嚐大師的好菜，意猶未盡。

從事廚藝教學和報導將近20年來，我觀察「理論」和「細節」是目前台灣餐飲界最普遍欠缺的。這本書卻點出一代廚神璜・洛卡的觀察和論點：

◎ 現代飲食偏重大魚大肉，普遍缺乏蔬菜，照這樣下去會吃出一堆慢性病，璜・洛卡是少數米其林廚師講究營養比例做菜的人。

◎ 很多餐廳主廚已經很少自己買菜，最令我激賞的是，璜・洛卡到現在還自己買菜，他認為要買好食材，沒有捷徑，就是靠慧眼和勤勞而已。

◎ 璜・洛卡之所以讓世人景仰，就在於他鼓勵大膽創新，提倡劃時代的低溫烹調和香水料理，讓烹飪的世界多姿多采。

◎ 這本書是璜・洛卡的真心告白，他之所以可以成為世界第一名主廚的秘訣，那就是不偷工、不減料、不偷吃步。

我最欣賞的是，這不止是一本食譜書，也是一本西班牙廚神 璜・洛卡（Joan Roca）個人的烹飪筆記，裡頭記錄著他畢生對廚藝的投入和研究心得，有些是顛覆甚至是跌破我們以往的認知，例如：洋蔥、薑是高抗氧的食物，但他認為前題必須生吃，也就是料理的完成段最後才放進去，這跟我們喜歡把它用來爆香，是互相違背的，但是這個發現，對我們是好的，也有建設性。

璜・洛卡強調做菜的技術很重要，該如何充分掌握食材特性，並運用最適切的方式來烹調，才是一位廚師令人尊敬和動容之處，否則好不容易得到的好食材，會因為烹調錯誤讓美味功虧一簣。為了讓食物好吃該是蒸？還是煮？如果是蒸，要蒸多久？廚師該做的是在專業上斤斤計較，然而現代廚師太倚靠調味料和半成品，不要說是切肉分部位，連醬汁都懶得做，餐廳老闆也以利潤為導向，導致食安問題一波比一波嚴重，諷刺的是添加物和五花八門的調味料，讓廚師手藝無用武之地。

我真心期待，這本書能喚醒少數有良知的廚師魂。量多而質精的圖片，是「Master Chef」最大的特點，每一個細節、步驟和料理精神都不含糊帶過；大師級的主廚在自己專屬的領域中幾乎知無不談，宛如本人就站在你的身邊不厭其煩地叮嚀和分享；對於下定決心想認真學習卻難窺大師之門的人，「Master Chef」無異是一個千載難逢的絕佳機會

商業繁榮需要美食當催化劑，而美好的都市一定得有好餐廳，一流的廚師會創造一個好餐廳，美食家會因好餐廳而生，不再孤寂。這是一本劃時代的食譜，建議有意從事廚藝的人，最好必須珍藏一本。

——知名美食家・創新科技大學餐旅系助理教授　張瑀庭

在食的精髓中找到真理

近日聯合國教科文組織,將日本和食文化列為世界非物質文化遺產。這突顯的正是日本人所不遺餘力在力求精緻且追求極致的文化精髓和底蘊!甚至已成為一種「道」。日本在歷史上製造了非常多錯誤,但世人仍對他們的民族性——尤其是他們文化的細緻、科技的卓越——都抱著景仰的尊重!與我們近在咫尺的日本,唐宋年間,不斷汲取大唐文化,以科學研析手法,仔細精研、改造,並了不起地從仿效到創造,再再地顯露他們謙卑、專注、實事求是的民族精神!

「吃」在咱們中華文化的記載中,有著悠久且輝煌的歷史。我們的「禮」、「樂」文化都是在「食」的基礎中奠定,說吃講食的精闢記載,多得不勝枚舉!過去的文人墨客、官貴人家,對「飲與食」不只有「規」更是有「道」;遺憾的是,在技藝水平商業化後,許多我們飲食傳統的「道與美」都因未被妥受保存、良好傳承而消失。

這幾年來,有非常多的台灣廚藝界年輕朋友自費至國外學習、參訪,甚至去比賽。但以我的觀察,許多廚師回來以後,表面上是有些進步,但嚴格說只習得了一些影子、皮毛,而沒有真正在「食」的精髓中找到真理!

如果我們的廚師能對每一樣菜餚的製作過程到桌面、進而到就口後的味蕾呈現,都能有一套堅持的方向,廣義的舒發味與香、色與型的「道」,我們美食國際化的願景方有期待!

一道美食的表現,不應僅止於好看而已,它一定要好吃,因為好吃,才是美味;美味,才是美食,這是最簡單不過的道理。過去許多廚師在看書時,常常只看圖片,看了圖片就覺得自己也會做了,不明就理之外,也不去追求對文字的理解;當然,有許多廚師可能是出自對語言與文字的隔閡,無法看懂法國菜、義大利菜與日本的食譜等。現在La Vie願意費力將「Master Chef」的系列套書引入並翻譯,大家不只能賞圖,也能讀字了!「Master Chef」書系的清楚和仔細,是許多台灣食譜所未能及的;而其中大師對料理的細膩和堅持,更是許多台灣師傅在程度上所無法比擬的。

我真心希望這樣的書籍能持續出版,讓台灣其他的出版社也能感染這種仔細度的氛圍,使得台灣的食譜能因這系列書籍的誕生,而提升內容的精緻度與細緻度;更讓我們的廚師,能真正深入食譜的字裡行間,領略技巧之外,更去感受深一層的文化意涵,讓台灣年輕一輩的廚師,在這樣的學習下能有更精緻的表現。期期以盼!

——知名美食家、美食作家、美食節目主持人　梁幼祥

我們的早晨才正開始

「Master Chef」一詞對於我來說，或對於所有料理人和熱愛飲食、瞭解食物美好之處的人而言，永遠是追尋的目標。這些能夠被冠上Master Chef稱號的料理人、主廚，沒有一個不是窮盡自己的生命在廚房裡、在世界上的任何一個角落，用盡一切方法找尋、完整自己心目中完美飲食的圖像。

想像力在當代的廚房或飲食文化中，是十分重要的一件事。當我開始設計一道菜、一個用餐空間給我的客人時，最常思考的議題是我如何在這一次、也許是唯一一次為這位客人的服務中、餐盤裡，表現出我這個人是誰、從哪裡來、想要跟你說什麼，和如何在餐點上展現除了食材之美、烹飪的藝術之外的個人特色。這是當代所有世界名廚、才華出眾的青年主廚們，都在思考並不停嘗試找到答案的問題。但最後，我們還是會回到廚房裡，回到屬於我們的那個地方。

在每個天還沒全亮、漫著霧氣的早晨從菜市場、從魚市、從長期合作最了解你對於食材有多挑剔的廠商卡車上，親手扛下、拖回那些進得了你眼裡的鮮蔬瓜果香草、禽肉海鮮魚介。按著順序將他們分門別類地整理好，也許刁著煙、也許喝著咖啡，在不知道是第幾個只有你自己一個人拉開餐廳鐵門的早晨。然後將所有東西扔進冰箱、塑膠桶、台車、鐵架或直接堆在工作桌上，用大姆指推下眼角的眼屎，順手將只在廚房裡播放的重節奏音樂轉得再更大聲；刨下魚鱗、扯出各種生物軟糊彌漫腥氣的內臟，洗淨、擦乾，分解、片開，用你這些年來熟悉的方法，取下你需要的部分。最後洗掉黏在手上的魚鱗、掛在上臂半乾暗褐的禽肉碎片，喝完放在鐵架上溫冷發酸的廉價咖啡，清一清昨晚卡在氣管裡的老痰。你打開冰箱門，拉出下一批等著處理的食材，感覺到身體正在慢慢熱起來。廚房其它同事正三三兩兩地帶著倦容走進廚房、披上廚師袍……我們的早晨才正開始。

在撰寫這段文字的同時，我正在全世界最好的餐廳諾瑪NOMA工作實習，和最頂尖的主廚瑞內－芮瑟比（René Redzepi）共事。我很喜歡他在工作之餘，我們聊天時曾和我說過的一段話：「有些人會稱我為藝術家，或把我當成搖滾明星。但對我來說，我們既不是藝術家更不是搖滾明星，我們只是廚師。我們就只是在廚房裡拿著一把菜刀或許再加上一支黃瓜，正在工作的人們。對我來說真正重要的是這些過程。」對我來說，這就是Mater Chef的意義。

我由衷地感謝且欣喜於「Master Chef」書系的出版，能讓我，及和我一樣熱愛美食、廚藝的朋友們一窺更多頂尖主廚的風采。

——《菜市場裡的大廚》作者、知名廚師　喬艾爾

美味料理的探究

近幾年，我有幸邀請到二位米其林三星主廚，其中Chef Christianle Squer的作品如宮廷般華麗非凡，工法細緻繁瑣，每道菜皆蘊含豐富層次，不論是視覺或味覺總令人驚喜連連；Chef Alain Passard則崇尚自然，不僅注重料理的美味及美感，更重要的是能保留住食材特性，使吃的人也能充分感受到食材、甚至大自然的美好。

這兩次和米其林頂尖大廚合作的學習經驗，讓我獲益匪淺，除了非常直接地吸收到米其林等級的烹調技法，他們個人對廚藝的專業態度和作菜時的創作理念，更遠超出我所能想到的；透過米其林大師的引領，直接汲取他們最精華的專業知識，讓我對料理創作和技巧有了豁然開朗的領悟。

約十七年前，我在書局買了一本日本出版的法國料理書《法國料理的探究》，這本書收集了當代知名料理人的特色食譜，其圖文編排之細膩，即使完全不懂外文的我亦能充分理解每一道料理所傳達的要點。日本所出版的書籍一直有非常簡明易懂的編排，這對正在搜尋大量學習資料的我很有幫助，這也是一般歐美書籍所看不到的。

每一種食材特性必須透過最適合它的方式，才能延續出美味的料理，我也在這些書上透過每一位頂尖廚師的不同風格，看到食材特性如何被充分發揮、甚至創造出令我意想不到的結果。

「Master Chef」書系收錄了各大名廚和他們的料理，在讀者尚未能目睹頂尖廚師風采時，便能先透過書籍閱覽來自世界各地大師的廚藝哲學精隨，以及學習他們的創作精神和料理技巧，甚至更細膩地，深入了解到他們如何依照時節，搜尋當令食材，各種專業考量。

這是一系列傳達好物、好料理的書系，也是專業廚師、老饕、美食家、甚而喜愛料理的家庭主婦都會愛上的料理書，透過這些豐富的圖文，必將帶領大家親臨一場有如繁花盛開的料理盛宴。

——Thomas Chien餐飲廚藝總監　簡天才

汲取學術知識

是為了在日常生活中應用

前言

料理不是只靠經驗與廚藝，一個人具備的飲食文化、表達力、創意、價值觀，甚至是否有實驗精神等都會影響他做出來的每道菜。每位廚師具備烹飪理念不一，因此鑑別一道菜的美味與否就在這些細微又難以解釋的觀念上。這也是為什麼大眾對有變化性和獨特風格的菜餚有較高的評價。

本書所介紹各式料理的要領與步驟，目的是希望讓讀者獲得正確的烹調知識，以提升烹飪的效率及品質。雖然我在這本書裡收錄了數十道菜餚的製作方式，但我更希望它不只是食譜書，而能成為一本烹飪知識大全。從我多年來的廚藝專業和教學經驗出發，加上工作團隊的支持與協助，深入淺出地闡述烹飪的技術和原則，並列出了廚房必要工具和食材基本知識，讓每一位研習烹飪的讀者都能藉此建立最佳的基礎，更重要的是引導大家從料理中獲得美味、愉悅與健康。

我深信，正確地應用烹飪技術，是料理任何菜餚的必備條件，能夠清楚掌握食材的特性，才能將食材發揮成一道佳餚。掌握好技術的應用，並了解如何處理食材，能為廚師們建立堅固的基礎，不只是複製食譜，更能賦予新意創造出自己的配方，這正是因為你的料理哲學讓你做出來的菜色與眾不同。我把在希羅納（Girona）餐旅學校的執教經驗著作為本書[1]，向大眾分享料理知識與技巧，然而，我並不希望大家把這本書視為教科書式的烹飪百科，它其實是本平易近人的工具書，希望帶給那些熱愛烹飪、把烹飪視為一項創作、視烹飪為日常生活中不可或缺的煮夫煮婦們一些助益。

---

[1] 作者在該學校執教有20年。

烹飪最終是為了分享，透過營造出一個餐桌上的小小儀式感，利用席間美食佳餚作為媒介，串連起親朋好友情感；烹飪也是種抒發，並藉以交流生活中點點滴滴。

烹飪除了做為一種情感抒發，亦應該考慮綠色飲食。我們都希望維持在地飲食文化，在人文與自然環境脈絡下保留當地飲食傳統。例如烹飪選用當地食材，以確保食材新鮮，對環保減碳也有幫助；選用當令食材，以順應時序，且能在食物成熟度最佳和最豐滿味道的狀態下享用。此外我們也期望能夠在享受下廚樂趣的當下，同時吃進營養與健康。

各位讀者可揉合本書所提供的烹調經驗與技巧，調整自己的烹調習慣，書內會談到料理各層面相關的事情，從廚房管理、食材選購、各種食材特點、各種廚具與設備的運用，以及介紹不同飲食文化等等。本書最大特點——強調起而行，希望帶領讀者一起下廚，從做中學會食材備料、各種料理方法和食物保存的技巧，並可利用數十道示範食譜，逐一練習各項作法，嘗試同樣食材在不同料理方式下是否創造出不同性格的菜色。重點中的重點，就是希望各位煮夫煮婦們能夠用心去料理，讓用餐的人感到溫暖、覺得貼心，有時簡單的菜色，就能獲得無上的愉悅。

瓊・洛卡（Joan Roca）

營養均衡
的料理

維持身心健康的均衡飲食越來越受注重，接下來，我們將介紹健康飲食的祕訣。

隨著健康和均衡飲食漸漸成為現代社會大眾普遍關心的議題，專業餐飲從業人員同樣投注越來越多心力，以提供顧客有益身心健康且不失美味的菜餚。即使早在顧客對食物只要求份量而非質量的年代，餐飲界就開始追求以健康食材與輕料理創作出各種美味又健康的菜色，也正是這理念誕生了這本烹飪指南，提供讀者各種美味又健康的料理建議。

在開始之前，參考專家的建議是值得的。我的好朋友梅蕾雅·安菈達（Mireia Anglada）身兼廚師、諮詢師與營養師身份，也是El Celler de Can Roca 餐廳的合夥人，她總是提供我們烹飪和健康飲食的意見。接下來的幾頁，我們將講述她提供的建議。

為自己的飲食負責

吃得健康且均衡其實並不難。只需養成攝取各種不同食物的習慣，並在各類營養素中攝取正確的比例。

根據世界衛生組織（la Organización Mundial de la Salud）統計，目前有80%的疾病跟營養不良相關。要從根本解決這個問題的方法，就是要把日常飲食習慣從觀念上做改變。

人體所需的營養成分，不會侷限在某些類型的食物，也是為什麼營養學家會說你吃進肚子的東西不見得有提供你的身體所需營養。所以，我們應該去思考「吃什麼」以及「怎麼吃」才能補充營養，並好好檢視我們日常飲食中大大小小的壞習慣，毫無疑問，飲食上的壞習慣或多或少都會對我們的健康造成影響。

我們必須要有飲食自覺，多吃天然的、當季的、新鮮的、且無添加物的食品；採用適合的方式烹飪，盡可能保存食物的營養成分，最後，慢慢咀嚼品味。這些都是能夠幫助我們改善健康的飲食方式，每個人都要為自己的飲食負起責任。

營養素的重要性

營養素是維持我們身體機能正常運作的必需品。其中碳水化合物和脂肪，是提供我們每日活動熱量的主要來源；蛋白質幫助建構與修補人體組織與細胞；而維生素和礦物質，則能調節各項組織與細胞新陳代謝，維持人體各器官功能正常運作。由於沒有任何一種食物能完整提供所有的營養素，因此，健康飲食的關鍵，在於攝取多樣化的食物。

人體所需的主要營養素：

■ **碳水化合物**：提供身體所需熱量的主要來源，攝取量應佔人體每日所需熱量中的50%至60%（4至6份）。我們可以在穀類、水果、豆類、蔬菜中獲取這類營養素。雖然它們是必需的營養素，但當攝取量多於身體熱量消耗時，便會使熱量轉化成脂肪囤積。建議選擇全穀類雜糧[2]，替代精緻加工食品（白麵條、白麵包⋯⋯），因為全麥穀物的營養價值和膳食纖維含量較高。

---

[2] 全穀類雜糧是指只有初步輾穀，仍保留穀物的麩皮、胚芽及胚乳的雜糧穀粒，或由全穀粒磨成粉後所製食品。

- **蛋白質**：主要來源自肉類、蛋類和魚類。雖然大眾習慣以攝取動物性蛋白質為主，但每天的攝取量不建議超過人體每日所需熱量的**15%**，得以豆類和穀類等富含植物性蛋白質的食物替代。

- **脂肪**：我們的身體也需要攝取脂肪來維持每日活動，攝取量需約佔人體每日所需熱量的**30%**。攝取過多的動物性脂肪會危害我們的心血管系統。建議選擇植物性脂肪食用，像是橄欖油和植物種籽油（葵花籽、南瓜籽、芝麻…等）。

- **維生素**：可維持人體各器官功能正常運作，來源自各類食物，只要均衡飲食即可獲取不同的維生素。每種維生素都有其特定功能，辣椒和胡蘿蔔都是豐富的維生素**A**來源，能使皮膚保持健康；堅果和乳製品中可獲取的維生素**B**，能保護免疫、消化和神經系統；而維生素**C**則通常存在於柑橘類水果中，是一種抗氧化劑。為了留住食物中的維生素，應選擇適當的烹調方式避免維生素流失。

- **礦物質**：組成骨骼和其他身體組織所需的重要營養素，鈣為主要的礦物質之一，可從乳製品、堅果和種子中攝取；磷，可於蛋和全麥麵包中攝取；鈉，可於鹽中攝取；鐵，可於肉類、綠葉蔬菜和其他許多食物中攝取。這些礦物質存在於各式各樣的食物中，但攝取過度的精緻糖類或脂肪可能會阻礙身體對礦物質的吸收。

- **水**：人體有**60%**是水，所以別忘記常常提醒自己補充水分。建議每天至少飲用**2**公升的水分，定時分次喝，透過攝取水果、蔬菜或肉湯等含水食物也同樣算數。

一週的飲食規劃

我們的飲食中，不能缺少供應能量的基礎食物，以及身體不可或缺的營養素。為了確保飲食中能夠攝取到全面的營養素，設計菜單時有一些規則不能忽視。

我們應該攝取各式各樣的蔬菜、水果、豆類和穀物，各項都不能偏廢。適度地攝取魚類和肉類也是相當重要，同時必須節制飲食中糖類的攝取。恰到好處地均衡攝取各類食物，不過度也不缺乏。建議每天吃4餐至5餐，且不要跳過任何一餐。如此可以避免因吃零食而攝取過量的食物。

早餐是一日裡的第一餐，也是最重要的一餐。建議以穀物雜糧為主，若是全穀物且不加糖更好，可搭配水果和富含鈣質的食物，像是堅果、乳製品或像是芝麻之類的植物種籽。這些食物能滋養我們的身體，並提供一天所需的熱量。

建議每日攝取量：

■ **蔬菜與水果**：建議每日攝取5份（3份水果和2份蔬菜），以獲得所需的維生素、礦物質、水分以及纖維。

■ **魚類與肉類**：為了確保攝取足夠的蛋白質，建議每週攝取2至3次富含脂肪的魚，像是鮪魚、鮭魚、鰹魚、沙丁魚、鯖魚。這類的魚除了美味之外，還富含豐富的Omega-3脂肪酸和必需的營養物質。每週可以選擇一天吃紅肉（羊肉、牛肉、小牛肉、豬肉）、兩天吃白肉（雞肉和火雞肉），以攝取優質的動物性蛋白質。

■ **蛋類**：最好選擇有機的，可經常食用（一週3至4次）。

■ **豆類**：同樣也是蛋白質和必需胺基酸的主要來源，每週應該至少需攝取2次。

■ **米飯、麵食、麵包**：碳水化合物是供應我們能量的主要來源，因此，每天需攝取5至6份。最好選擇全麥麵粉製品和糙米食用。

■ **乳製品、種子、堅果**：鈣質是每日必需的營養素，每天可以食用2至4份的乳製品，如果無法接受乳製品（乳糖不耐症患者），也可以從堅果、種子和綠色蔬菜中攝取。

番茄洋蔥橄欖沙拉

料理時間：1小時｜難度：容易

食材備料：4人份

番茄（羅馬番茄、蒙瑟拉特番茄、牛心番茄、黑柿番茄、穆洽彌耶番茄、櫻桃番茄等不同大小、品種之番茄）

蔥類（青蔥、紫洋蔥等蔥類）

蒜苗

各種橄欖（阿爾貝極那橄欖、白葉橄欖、塞維利亞橄欖、阿爾羅雷亞橄欖、卡拉瑪塔橄欖）

橄欖油

雪利酒醋

百里香、迷迭香、檸檬1顆

鹽和胡椒、糖

作法

1 將橄欖放入橄欖油浸泡幾個小時，並加入百里香和檸檬皮醃漬入味。

2 調製油醋醬汁，將3匙橄欖油和1匙雪利酒醋混合，之後加入鹽和胡椒。橄欖油和雪利酒醋混合的比例，可以個人喜好做調整。

3 依不同品種番茄做不同的處理：

（1）表皮光滑且香氣濃郁的品種，去皮後備便著。番茄稍微汆燙會較好去皮，但是在製作生菜沙拉時候仍建議慢慢使用刀子去除。

（2）較多汁的番茄品種，將內部果漿和種子部分挖出，留存放在一旁，剩下果肉部分加上橄欖油、鹽、胡椒、百里香、迷迭香和些許的糖，放入烤箱低溫烤30分鐘。

（3）將櫻桃番茄，放入平底鍋中稍微翻炒後，加入橄欖油和雪利酒醋稍微悶煮。

4 將步驟3-（2）所留存的番茄果漿加入步驟2所準備的油醋醬汁中

5 將青蔥、紫洋蔥和蒜苗切成條狀，並可放入加冰水中浸泡，以減少嗆辣味。

6 將以上步驟處理好的備料放入沙拉碗或盤子內，並淋上調味醬汁。

番茄洋蔥橄欖沙拉符合了「簡單、新鮮、營養」三種條件。事實上，這份食譜呼應本書開頭所強調的飲食倫理觀念，到鄰近市場去選購當地、當季熟成的食材，簡單料理卻色香味俱全，怎不激發我們的「起而下廚」的熱情。

巧思與巧藝

食材經常在備料或調理過程中受到損壞，所以在料理時只考慮選購新鮮高品質食材是不夠的，還要選用合適的烹飪方式。

在辛苦選購優質新鮮的食材後，我們還要繼續規劃料理藍圖，選用最適合的保存及調理方式，留住食材的自然原味。本書的下一章節將會提到如何保存食材原汁原味的方法。不過在學習保存食材之前，更重要的要先學習如何順應食材特性來調理，好保留食材的原味與營養。

食物在烹調後可更容易被人體消化吸收，烹煮過程卻也會改變食材原有的化學成分，反而導致營養素流失。一般而言食物煮得越久、或使用越高的溫度烹調、煮得越熟，流失的營養成分就越多。因此，每種食物都有最適宜的烹調方式，為了能恰如其分，即便不同的刀工切法、切塊的大小等，方方面面都需要考慮。

當然，有些食材不需烹調即可生食，這類食材基本上都是水果和蔬菜，提供我們豐富的營養素。食用前必須先清洗，但千萬不要浸泡，因為維生素和礦物質會在水中流失。

有時候，不馬上食用的食材，可以透過醃製熟成方式保存，而不需要加熱烹飪，反而能保留食物中的營養素（在「食材烹飪前處理」的章節裡會討論）。

汆燙蔬菜時，應該等水滾之後再放入蔬菜，不必在鍋中放太多的水，因為蓋上鍋蓋，還可以利用鍋內的蒸氣將蔬菜蒸熟。蔬菜在100℃的沸水蒸煮20分鐘之後，會破壞50%的維生素C，所以烹煮蔬菜時，時間掌握相當重要，以保持其營養成分和外觀翠綠。烹煮完成之後，可以用冷水讓蔬菜冷卻，但要馬上瀝乾，不能長時間浸泡水中，避免維生素和礦物質流失。

為料理難題找出解決方法

相較汆燙蔬菜，豆類則需要花較長的時間來煮透煮爛，又因為包覆的種皮較硬，有些人會覺得不好消化，所以我們為這項料理難題找出的解決方法，就是將它製成豆泥或濃湯。此外，加入昆布與豆類一起燉煮，可以軟化豆類的纖維，較易為人體消化，而且昆布本身富含有價值的礦物質，只要一點巧思就可以享受一道美食。

煮白煮蛋時,最好煮到蛋白部分全熟而蛋黃還是生的程度,因為蛋白熟了較容易消化,而蛋黃生食,能攝取較多營養素。只要水滾煮放入雞蛋10分鐘即可。現煮現吃,不要留到之後在吃。

烹飪肉類時,不要直接將它們放在火上烤或燻,因為這樣可能產生有害健康的毒素。烹飪帶有豐富油脂的魚類時,時間不能太長,因為高溫會破壞其富含的多元不飽和脂肪酸(omega-3)。烹飪禽類和魚類時,最好將皮一起煮,因為這樣可以鎖住肉汁,避免食物過柴。烹飪完成之後再將皮去除,避免食用過多脂肪。

溫和的烹飪方式

下面所列幾種溫和的烹調方式,目的都是試圖將食材中的原味和營養完整保留,而這些溫和的烹調方式都是避免直火或大火烹煮

- **鹽焗料理**:將食物外層覆蓋一層粗鹽,可使食物烹飪時在高溫下受到保護。
- **清蒸料理**:這是最能夠保留食物天然原味的烹煮方式,若要調味,只需要和一些香料一起加入蒸煮,很容易就能入味(詳細內容見P.216)。
- **紙包料理**:以防油紙(或烤箱用烘焙紙)將食物包覆後烹煮。烹煮的效果會和清蒸料理類似。
- **油煎料理**:油煎過程溫度可能會很高,但帶皮的魚類適合這種料理方式,因為魚皮可以保護魚肉不直接觸碰高溫的煎鍋,也防止魚肉黏在煎盤。過程盡量以小火料理,不要經常翻面,當魚肉變色時再翻面(詳細內容見P.274)。
- **舒肥料理**[3]:將食材以真空袋密封,再放進水中烹飪,並控制以低溫慢慢烹煮,採用這個方式,可以保存食物大部分的營養素和原有風味。不過這個料理方式需要配備真空機器以及能控制水溫的舒肥機進行(詳細內容見P.298)。

[3] 此種料理方式因在台灣已逐漸流行,一般譯法以法文 sous vide的音譯方式表現。

高營養價值食物

某些食物的特定營養素含量較高，例如必需脂肪酸、抗氧化劑和纖維，經常食用對我們的健康有益。

這些食物的屬性特別，特別是食物中的某些成分，有助於增強免疫系統，值得我們食用，例如大蒜和洋蔥，是西方傳統烹飪中十分常用的食材，而味噌、紫菜等高營養食物隨著全球貿易自東方來到西方，在全球化不同國家的飲食文化互動下，激盪無限新創意。

所謂的「超級食物」

- **橄欖油**：初榨冷壓橄欖油，含有豐富的單元不飽和脂肪酸（omega-9）和抗氧化劑，對人體有清潔功能，也對循環系統有保護作用。
- **大蒜**：富含天然抗生素。但生吃效果較好，才能為健康加分，因為大蒜的營養素在烹飪溫度高於60℃時將受到破壞。
- **堅果和種子**：這些食物雖含有豐富的脂肪，但不含膽固醇，具有保護心血管的功能。

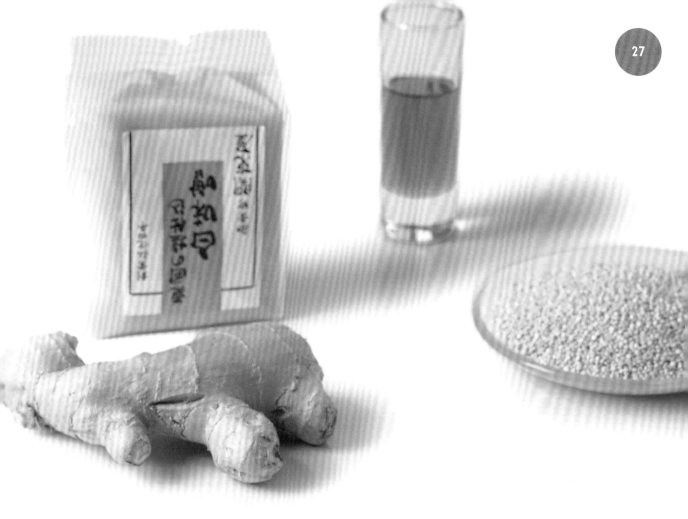

■ **紫菜、海帶**：在東方文化中相當普遍，是一種營養價值相當高的食物。一湯匙的紫菜，就足以提供我們身體一天所需的所有礦物質，以及維持身體正常代謝的微量元素。而海帶所帶的甘甜鮮味，可應用於烹飪方式也很多元。

■ **洋蔥**：生吃，有助於清除呼吸系統的黏液，對於治療感冒、咳嗽有很好的效果。它還可以防止血管血栓形成。但它跟大蒜一樣，加熱烹煮就會失去天然抗生素。

■ **菊苣、苦苣、朝鮮薊**：有助於維持肝臟健康，且非常適合糖尿病患者食用。

■ **薑**：天然抗癌食物，有助於循環系統及呼吸系統正常運轉。為了讓其營養價值發揮最大功用，我們應在烹飪完成之後再加入薑。

■ **味噌**：使用發酵大豆和其他穀物混合製成，通常被當作調味料，它的功用多樣，包括有利於腸道菌群的平衡、調節女性荷爾蒙平衡、預防心血管疾病，此外它也是良好的抗氧化劑。建議可以在完成烹飪後再加入，防止營養成分因加熱流失。

■ **櫻桃蘿蔔**：天然的清腸整胃劑。有助於消脂，消除水腫。

■ **西瓜**：另一個天然排毒劑。很清涼，有助於淨化血液並消除水腫。

豆類湯汁沙拉

料理時間：4小時 ｜ 難度：容易

食材備料：4人份

各種豆類600克（鷹嘴豆、扁豆、白豆、奶油豆、黃豆等盡可能多種）

青蔥100克

青椒和紅椒100克

櫻桃蘿蔔6個

各種橄欖（卡拉瑪塔橄欖、戈達爾橄欖、阿爾貝極那橄欖、埃斯特雷馬杜拉橄欖）

櫻桃番茄（黃色、橙黃色、紅色）

橄欖油

悶煮豆子後保留下來的豆汁

<u>醬汁材料</u>

油

醋

歐芹

蝦夷蔥

細葉芹

芫荽

鹽和胡椒

作法

1 若想在家製作豆類料理，必須提前一天將它們先煮熟，記得要讓豆子在湯汁中冷卻，好保存原有風味以及營養成分（盡量讓湯汁有一點濃度，不要太稀），之後還可以利用這些豆汁精華作成沙拉醬汁。如果我們買的是已經煮熟的豆類，可以請店家加入一些蒸煮時留下的湯汁。

2 醬汁製作：將各種歐芹切碎，加入油和醋混合之後攪拌均勻，最後再加入鹽和胡椒調味。

3 將所有蔬菜切成條狀。將番茄切半或切成四分之一，之後將幾顆橄欖去籽。依據個人喜好也可以把橄欖先放入油中油封「入味」。

4 留一些蔬菜用於最後裝飾，其餘的蔬菜和豆類搭配放入沙拉大碗中，之後加入些許橄欖油拌勻，讓豆類和蔬菜充分吸收橄欖油。也可加入幾匙步驟1所準備的豆汁精華並靜置1小時。

5 上菜前先在盤底倒入一大匙豆汁精華，可增加濃稠滑口的口感。將混合後的豆類和蔬菜放進盤中，之後用剛剛留下的蔬菜裝飾，最後淋上步驟2所製作的醬汁。

這份食譜除了讓我們獲取豆類所提供的營養能量，同時也享受當季新鮮蔬菜的美味。而且幾乎沒有油脂負擔，是一道健康、營養、美味的推薦料理。惟為避免難消化，豆類在製作前通常需要預煮手續。

營養均衡的料理

柑橘藜麥醬醃鮭魚沙拉

料理時間：1小時 ｜ 難度：中等

食材備料：4人份

白藜麥100克
黑藜麥100克
胡蘿蔔100克
櫛瓜100克
洋蔥4份
青蔥1條
醋15克
紅胡椒5克
荳蔻5克
鹽和胡椒
食用花瓣數瓣

柑橘醬製作材料

葵花油125克
糖25克
檸檬1顆、酸橙1顆
柚子1顆

糖醃鮭魚材料

4片125克的鮭魚排
葵花油100克

作法

1 用水清洗藜麥，或可將藜麥靜置於水中幾分鐘，好去除苦味，之後用比藜麥多兩倍的水大火沸水煮約15分鐘。煮完後如果還有很多水，可將水過濾掉。接著把藜麥移放在大盤子或碗公，目的在加快冷卻，之後將其保存。

2 柑橘醬製作：取檸檬、酸橙、柚子等柑橘水果果皮，並刮除果皮內層白膜後放入鍋中沸煮，為了去除柑橘果皮的苦澀味，煮滾後將水倒掉，重複煮3次後將果皮撈出並放入冰水冷卻。最後將果皮切成細絲或切丁，置於一旁待後續使用。

3 將檸檬、酸橙、柚子果肉部分榨成汁，將其中100克的果汁加入少許的糖，用溫火加熱，直到變得濃稠。之後放置於一旁冷卻。剩下的原汁果汁請保存起來，後續我們將會使用到。

4 將整條青蔥放入鍋中炒熟後放在一旁冷卻，準備最後加入。洋蔥則直接切碎之後，和其他蔬菜丁混合。

5 將蔬菜丁放入鍋中，並加入一湯匙的葵花油（25克）炒煮。依序從洋蔥丁開始放入，之後放入胡蘿蔔丁，最後才是櫛瓜丁，櫛瓜須先用鹽水浸泡去除苦味。

6 當蔬菜丁開始變色時，加入100克的葵花油、醋、加上步驟3剩下的原始果汁、步驟2處理好去除澀味的柑橘皮、以及紅胡椒、荳蔻，之後用小火煮5分鐘。冷卻之後，即完成蔬菜丁柑橘醬。

7 將藜麥加入一部分蔬菜丁柑橘醬，再加入鹽和胡椒調味。

8 果香漬鮭魚：將鮭魚放入真空袋，加入葵花油及一些柑橘果皮，之後控制50℃的低溫水煮15分鐘。將鮭魚取出瀝乾多魚的油，加入藜麥和炒好的嫩蔥。

9 最後擺盤，以藜麥配蔬菜丁柑橘醬為底，上面擺放果香漬鮭魚，並用果汁糖漿和食用花瓣做擺盤裝飾，即完成料理。

廚房管理

廚房管理

烹飪這件事，早在你走進廚房前就已經開始了，並不是只靠著爐火就可完成，每道菜餚的誕生都需要很多事前的準備工作。事前準備工作之良窳在於能否擁有良好的廚房管理哲學。從計畫、採購、整理和保存都是廚房管理的一部分。

廚房管理的好壞會直接影響烹飪的品質。在我們穿上圍裙，打開食譜準備下廚之前，應該先自問：有缺什麼器具嗎？所有食材都已備妥了嗎？食譜的解說內容都已了解？是否需要事前準備工作？還缺了什麼東西嗎？該去哪買呢？即使是鹽、麵粉等基本備材也不能坐視不理，需要定時檢查食物狀態是否良好，儲藏的環境是否合宜。

首先，得思考自己喜歡什麼類型的料理及食物，並考量烹飪的時間以及需要的食材與用具。我們也要思考烹飪的目的及食用對象，準備日常的飲食跟準備節慶的飲食不同，準備給自己吃的食物，和準備給全家人吃的食物也不同。

出門採購之前，先擬訂好採購清單，並且依據清單上的食材，設想好保存方式，確保它們的品質在烹調前都能保持最佳狀態。

料理規劃

關於食材選購和做菜，我們常常是隨心所致而缺乏規劃，但如果想準備營養均衡的食物，並享用當季新鮮的食物，那我們應該做好料理規劃，預先設計菜單，並按照菜單採購和下廚。

只要掌握幾個料理規劃的好習慣，平時在家存放一些家常食材，隨時都能料理一道道美味佳餚；首先腦袋要有個料理藍圖，考量適合的食物，以及評量自己是否有能力去料理。菜單可以以「週」為單位來規劃，這是非常有用的組織方式，設想好每天每餐有多少人口份量，以多樣、均衡、美味為標準，設計出精確的菜單，再根據這菜單，清楚地列出食物採購清單。

當然，菜單是可以改變的，畢竟料理經常會有即興之作，像在菜市場看到少見而喜愛的食材，即使不在菜單上，還是會希望加入菜單，隨狀況靈機應變，重點在於料理規劃觀念的建立，養成設定菜單的習慣，詳列採購清單的方式，以維護我們的飲食水準。

規劃菜單的準則

■ **美味而吸引人**：設想用餐人喜歡吃的菜色，設計營養又吸引人的菜色。

■ **當季且當地的食材**：優先考慮當季且鄰近生產的食材，通常就會是新鮮度、口感和營養品質的保證。

■ **平衡的組合**：菜單的設計是有連貫性的，以一周菜單來看，從週一到周日的菜色要盡量避免重複，而各種營養素要能平衡在每一天攝取，又例如設計晚餐的菜單，就要考慮中午吃過了什麼，重點必須營養均衡。

■ **開發新菜色**：如果對要做什麼菜沒有想法，或是吃膩了某些菜色，這時不如放膽去嘗試開發新菜色。問問家人、朋友、翻閱食譜、上網找資料、甚至和菜販聊聊，都可以激發我們料理的新想法。

■ **需要的食材**：確認菜單上所需的食材，檢查家中的食材與數量後，才知道還需要出門購買多少。記得養成定期檢查儲藏室的好習慣，確認基本食材的存量。菜單規劃完成後，先別急著購買食材，也記得養成先檢查冰箱內儲藏的食品，避免遺忘某些需要立即食用的食物。

Menú del martes

Espinacas

*Solomillo
de cerdo asado*
...
Crema de verduras
Revoltillo de setas

Menú del miercoles

*Macarrones
con tomate y verduras*
*Lomo con calabacín
salteado*
...
Puré de patatas
Sardinas

Menú del domingo

Canelones para 8
Pescado a la brasa
...
Pan de payés con tomate
Ensalada y embutidos

■ **烹飪前處理工作**：許多食材需要預先處理過，才能在烹煮的時候馬上拿出來料理。比方冷凍食品，就需要提早拿出冷凍庫解凍，又或是醃漬食品，就要考慮提前一天進行，好讓食物入味。

■ **調味品及配料**：調味品及配料看似料理的配角，但要提醒自己不要忽視他們的效用，一道菜加入香料、醬料或是一些特殊調味料搭配，往往能達到畫龍點睛的效果，令人驚艷。

■ **私人食譜**：可以從手邊的每週菜單開始累積，逐漸變成個人的菜單資料庫，並發展出屬於自己、家庭的食譜書。如此一來，當我們不知道該怎麼做飯時，我們手邊就一套完整的資料，幫助我們更容易、更快速地設計菜色。

採購

要成為一個好廚師，首先要有選購好食材的本領，而且還要能掌握食材特性並具備足夠的烹飪知識；上街買菜也是烹飪的一部分，把這件事情做好，才有機會進一步做出美味佳餚。

對許多廚師而言，烹飪的樂趣是從採購食材開始，菜市場裡充滿了色彩豐富、香味四溢的新鮮產品，逛市場常常令人感到興奮與陶醉。不只是選擇食材，也是與老闆或是其他客人打交道的機會，交換想法和建議，有助於了解更好的食材與食品，最重要的是，透過學習、分享、啟發，絕對可以大幅提升並增進您的烹飪功力。

有規劃的採購，可以替你節省許多時間，用來尋找好的食材，因為除了按照菜單以及採購清單購買，常常我們也會因為自己的喜好，或是因商品的質感、產地引起興趣而花時間尋找特殊食材。重要的是要理性購買，當一個負責任的消費者，理性的購買行為，促使我們改進烹飪的技巧與方式、讓我們更了解食物，同時還促進環保。

謹慎的採購守則

- **事先列好購物清單**：這是不可或缺的，不只提醒我們不要忘記要購買的商品，也可以防止我們衝動購物。

- **勇於發問**：詢問是明智的，大多數的老闆會很樂意解釋食材產品有哪些特性，好奇心是讓你對烹飪常保熱情的基礎。

- **詳閱商品標籤**：在標籤上我們可以得知商品的營養成分、有效日期、原產地、每公斤價格⋯⋯等。能閱讀標籤上的資訊才是有意識有判斷力的購買行為，能確保購買到優質的商品。

- **多多捧場優良商店**：勤逛市場，明查暗訪累積口袋名單，會認識更多有品質信譽的商店，如在哪裡會有優質的產品，哪裡的食材最新鮮，哪裡最物超所值。

- **嘗試沒吃過的食物**：全球化經濟造成了世界各地不同文化、不同食物的流通，在市場上可以看到越來越多奇特的食材，建議多多嘗試運用這些新食材，開發出新穎的菜單。

- **安排好商品的購買順序**：將較重和較需要保鮮的食材留到最後再買，諸如水果、魚類等，另外，為了環保，請盡量自備推車、菜籃和購物袋。

蔬果類

優先考慮購買當季及鄰近產地的新鮮水果和蔬菜。商家必須清楚標示商品的原產地，以便我們能根據其原產地選擇購買。另外估算好所需要的數量，以便在蔬果最佳成熟度時享用完畢。

魚類

魚類最好也是選擇購買當季和鄰近漁場的漁獲。最重要的是，要在值得信任的魚攤購買。購買魚貨是一門學問，你必須依照當日送到魚攤的新鮮魚貨隨機應變，常常因此而改變事先規劃好的菜單，但一切是值得的。新鮮的魚貨，本來就應該在烹飪當天購買。可以請魚販幫我們清洗、去

內臟或依照你的料理需求切塊，沒人功夫比他們好，運送時別忘了使用保冰袋裝魚貨。

肉類

各式肉類料理，都會需要特定部位與型態的肉品，諸如絞肉、肉片、肉排、排骨等。若是我們不確定哪類型肉品該搭配哪種料理，可以向肉販詢問建議，並請對方依料理需求處理肉品（去毛、切塊、剁碎或是肉餡等）。不同型態和部位的肉品，也必須採用不同的方式來保存。若是肉品本身沒有標示有效期限的包裝，或是我們不會在購買當天就烹煮的話，就必須詢問一下老闆，以免烹煮時肉品已經不新鮮。

井然有序

採購之後，我們必須將每種食材保存於適合的位置，以確保其品質。冰箱、冷凍庫和一間井然有序的儲藏室，有助於我們烹飪。

採購完畢後食材運送的時間越短越好。生鮮食材必須在最佳保存的溫度範圍，以確保其品質。既然商家在販售給消費者之前已經做足了保溫措施（在運送過程、存貨倉庫、商店），我們可不能前功盡棄，在冷鏈上任何保溫環節有所疏失。建議在採購生鮮食材時全程都以保冰袋運送，採購完畢後盡快直接回家將食材放置適合的位置儲藏保存。

冷藏小技巧

將需要冰存的食材保存於適當位置是相當重要的。在冰箱內，我們應該將最新購買的食材放置於先前已買的食材後方，如此可以避免不小心遮住這些食材，將它們遺忘在冰箱底部位置。記住這個準則：最先進入冰箱的必須最先拿出。

不建議在冰箱內放置太多食材，因為這樣會使內部空氣無法流通，影響冰箱冷藏效果。此外，也不要在冰箱內放置不需要冰存的食材，某些食材一旦冰存了反而會破壞其品質，像是番茄、四季豆、小黃瓜、酪梨以及大部分的進口水果。應該將已成熟的蔬菜和水果放置於室溫下保存。將食物放入冰箱前，應將食物包裝或覆蓋好，避免失去其味道和新鮮度，也防止某些食材的氣味影響其他食材。當有未使用完的食材時，最理想的保存方式是放置於淺容器並蓋緊蓋子。

冰箱內部每個區域的溫度都不同，通常後方深處和下部區域比前方和上部區域的溫度低。依據這常識，替每種食材找到適合的位置保存。

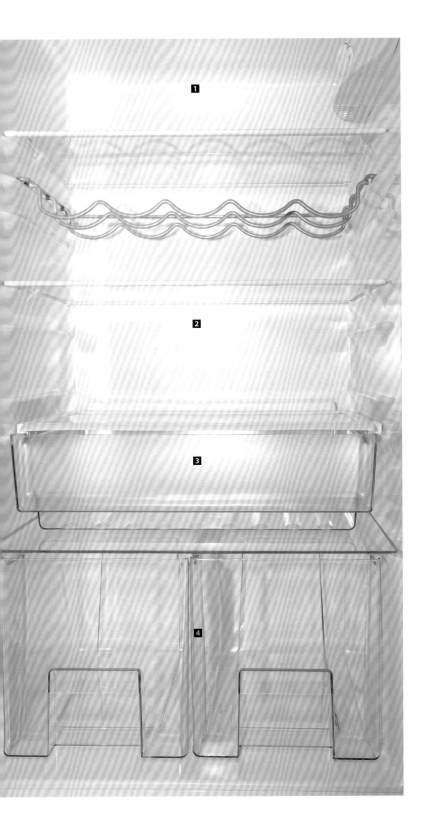

1 上層：

溫度約在8℃，這裡通常保存乳製品，像是牛奶、奶油、起司和優格。

2 中層：

這層架可放置的食材較多樣，溫度大約介於4℃至5℃。香腸、甜點、剩餘的食物和其他「開封後就必須冷藏的食物」[4]，都可以放在這一層。

3 下層：

位在冰箱底部放置蔬菜抽屜的上方，為溫度最低的區域，溫度約2℃。新鮮的肉類和魚類放置於這個區域。

4 底部抽屜：

這個區域的溫度約在10℃，主要用於保存蔬菜和水果，避免溫度過冷。

5 分隔架和門上架：

冰箱內溫度最高的區域，介於10℃至15℃，可放置較不需要低溫保存的食物，像是黃芥末醬、雞蛋、奶油、飲料等。

---

[4] 罐頭類或真空包裝的食品。

1　　　　　　　　　　　　**2**

冷凍小技巧

冷凍庫的溫度約為-18℃，食物在這溫度下變質的速度很慢，因此可加長保存食材的時間（最長可達4個月），可說是極保險的存放位置。冷凍是一種減少食材營養流失的保護措施，也是一種緩和食材變質的方式，但並不是所有的食材都適合冷凍，例如米飯、馬鈴薯、麵條，冷凍後會使失去其原有結構且風味會變壞；還有醬汁，像是蛋黃醬、奶油白醬、跟所有含鮮奶油的醬料，在結凍之後將會變質；鮮奶油本身可以冷凍，但冷凍之後就無法打發成奶泡了。大部分的蔬菜可以接受冷凍，但多數的蔬菜在冷凍前也應該汆燙過。只要考量好並克服類似的問題，食物就可以被放置於冷凍庫長時間保存。

■ **分裝食物：**將食材放置於冷凍庫之前，應該要先思考要將食材用於何種菜餚，以及所需要使用的份量，再依照需要分裝食材，以利日後取用：特別是液狀食品，結凍後難以取適當份量，冷凍前可斟酌所需用量，放置在杯子或塑膠瓶；定量放入獨立冷凍袋、真空袋或製冰盒（如圖1）。

■ **冰庫保養：**為了確保冷凍庫能正常運作，我們必須保持冷凍庫的清潔，檢查冰箱門縫連接點，避免結霜，也別讓冷凍庫超載或放置熱食。

■ **速凍效果：**凍結應快速，避免食材內水分結凍成較大的冰晶，影響其結構。因此，我們應該盡早將要保存的新鮮食材放入冷凍庫。

■ **適合的容器：**食材放入冷凍庫保存之前，必須使用冰袋或容器保護，避免食材凍傷和流失水分（如圖2）。不建議使用聚乙烯製的容器，因為聚乙烯的分子結構帶有細小的孔洞，易散失水分無法保持食物濕潤。硬式容器適用於保存有液體的食材，但記得要在頂部留一些空間，讓食材膨脹。

■ **標註記錄：**在食物分裝容器上標註記錄，是掌握食材有效期限的好方法（如圖2）。

■ **有秩序地擺放：**將食材攤平並平整地放入冷凍庫，有利於更迅速凍結。長方形容器和塑膠冰袋擺放彈性較大，較能善用冰庫的有限空間。使用前記得要先將袋中的內部空氣排出。

運用安全的方式解凍

■ **較完善的解凍方式：**於冰箱中解凍：最合適的解凍方式，是將食材在使用前一天就放在冷藏室解凍，放入隔離食材和解凍後的水的器皿中（如圖3）。如果食材裝在袋子中，可以不用取出，直接放在袋子中解凍。

■ **於微波爐中解凍：**微波爐中有一個解凍的設定，相當實用，但加熱過程必須非常注意食材的變化，因為很有可能加熱過度或因方式不當導致食材過熟。

■ **於水中解凍：**不建議將食材浸在水中解凍；只有魚類可以浸在水中解凍，最好放於加有冰塊和鹽的水中解凍，但千萬不要放在熱水中解凍。

■ **不需要解凍的食材：**像是蔬菜和一些現成加熱食品（西班牙可樂餅、薯條、披薩）可以直接烹飪，不需解凍（如圖4）。

儲藏室

一間好的儲藏室，對烹飪來說是很有幫助的，我們應該學習如何善用。儲藏室是用來存放已包裝、容器裝存的食物，或是不用冷藏的食材。最好能天天檢查儲藏室，以便掌握食材存量。

■ **米、麵條、麵粉、乾豆、堅果：** 通常這些脫水或風乾食品應存放於陰涼乾燥處。一旦拆封後，需要再用容器密封保存。

■ **罐頭：** 可長期保存於儲藏室。但開罐之後，必須像保存易腐食品一樣放入冰箱保存。

■ **麵包：** 最好存放在布袋內或有蓋布的麵包盒。

■ **麵條和其他塊莖類食物：** 存放於通風良好處。

■ **油：** 存放於陰暗處，不論是盛放在原有容器或另外的容器，一定都要關緊密封，避免氧化或變質。

■ **其他食品：** 同樣也可以將不需要冷藏的保久優格、 醃漬品（醃洋蔥或酸黃瓜）、調味醬、果醬等食品存放在儲藏室。

確保食品安全

運用一些基本的規則，在食用前和開封後正確的保存食物，最重要的是，從保存到烹調，時時刻刻都要讓食物遠離細菌。

通常我們買完菜之後，會將食材放置在適宜的處所保存，像是儲藏室、冰箱或冰庫。但總有一些突發狀況，是我們無法事先預料的。

比如說，有時候我們去市場，看到一些品質和價格都不錯的商品，我們很可能決定多買一些回去冷凍保存。或是有時候，我們會將食材事先處理之後，冷藏保存幾小時或幾天之後才烹飪。

這些情況在烹飪時經常發生，而我們不一定知道這樣是否會對健康有影響。我們對食物的保存方式不僅會影響料理的品質，同樣也會影響到我們的健康，所以，遵守食品保存的準則，以及相關的衛生處理措施，是相當重要的。

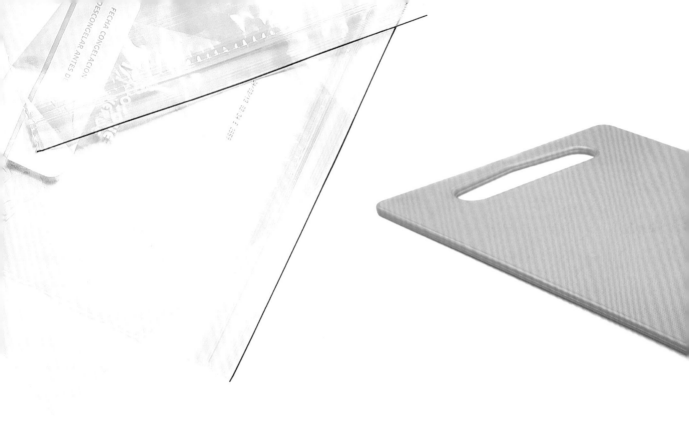

保存規則

在眾多可能使食物變質的因素中,細菌作用是最主要的原因之一。不幸的是,這些微小生物的飲食偏好跟人們很相似,細菌也喜歡新鮮的食材,總是會先找生鮮食品下手,所以生鱈魚會比蒜頭早腐敗,生蛋黃會比馬鈴薯早腐敗,而燉熟的豆子又比沒煮過的乾燥豆子早腐敗

我們知道某些食物會殘留病菌,對人體健康是會造成危害的。像是蛋類製品食物如果不妥善保存,有可能會產生沙門氏桿菌。

當然,這種情況比我們想像的還要複雜。影響食物孳生細菌的因素很多,像是ph值(酸或鹼)或是抑制細菌孳生的物質。而我們也無法用目測的方式判斷食物是不是壞掉了,還能不能食用,也沒有一個科學測定食物壽命的方式。

為了健康著想,我們必須注意,所有營養豐富的食物,都容易孳生細菌,應該使用最適合的方式保存食物。一絲不苟地注重每個處理食物的環節,確保安全且衛生的保存食物。

冰箱和冷凍庫保養：每日都該檢查冰箱和冷凍庫的溫度，保持清潔，不要放過多的食物，並且只在需要的時候開啟。部分廠牌的冷凍庫內部會結霜，因此應適時的除霜清理。

嚴格保持衛生：不論料理或是處理食材前，將雙手和手腕清洗乾淨相當重要，此外也必須將戒指取下，將頭髮整理綁好，且不可吸菸，並穿著適合烹飪的衣服。

使用新鮮食材：購買高品質且新鮮的食材，這樣我們後續所做的保存措施才有意義。保存不新鮮的食物也沒意義。

保持廚具清潔：廚房使用的各項廚具用品，比方說抹布，應保持乾淨且乾燥。塑膠類器具，以及較難徹底清潔和乾燥的木製器皿，都可能孳生細菌。保持木製廚房用品乾燥，像是木製鍋鏟，別讓它們浸泡在水裡，避免水分殘留。

注意食品的有效使用期限：為了健康著想，在食物外包裝標示最佳飲用期限。

挑選砧板：為防止交叉污染，最好準備兩個砧板，一個處理熟食，另一個處理生食。避免使用木砧板，因為較不衛生，專業廚房內都嚴禁使用木砧板。

控制食物儲藏溫度：大部分的細菌都喜歡舒適溫暖的地方，有利其滋生。基於這個因素，冰箱是廚房內不可少的設備，用於保存易腐敗的食品，特別是肉類、乳製品和魚類，必須保存於5℃以下的環境。

▪ **迅速冷凍與解凍**：將食品冷凍可以減緩微生物的孳生，比方說可怕的海獸胃線蟲可能會在魚的內臟寄生，但冷凍後可以殺死。但也有很多有害微生物不會因為冷凍而被消滅，而只是進入冬眠狀態。因此必須在解凍之後馬上烹飪，這樣可以防止可能的微生物在食物解凍水中再度繁殖。此外，有一點相當重要，不要把已經冷凍過的食品再度冷凍，這樣會幫助食品中攜帶的微生物適應低溫環境，而使其能肆無忌憚地繁殖。

▪ **用適合的溫度加熱**：不同於以冷凍控制微生物的滋長，另一種完全相反的方式，便是將食品以超過65℃的溫度加熱，並確認其食物整體溫度均高於65℃，不僅只是食品的外圍，也須注意中心溫度是否高於65℃。我們可以用烹飪用的溫度計確認溫度，這是一個相當好用的工具，價格便宜又實用。經過練習之後，您將學會用目測就可知道溫度。

▪ **重新加熱確保殺菌**：煮過的菜若沒吃完，下回食用時可以再次加熱確保殺菌。不能用太溫和的溫度加熱，一定要加熱至安全的溫度，因為微生物可能在食物冷卻時已經孳生，或是從冰箱取出時已經再度孳生。

▪ **充分冷卻**：若需要急速冷卻食物，可用間接隔水冷卻法（將食物放在一個容器內，並將容器放入冷水中，如第45頁圖示），或是將食物放置於一個涼爽的地方。不建議將熱食放入冰箱冷卻，不是因為食物會受到傷害，而是因為這樣會造成冰箱內的溫度、濕度改變，進而影響冰箱內其他食物的品質。

▪ **清洗新鮮食材**：在「食材烹飪前置處理」章節，我們將學會清洗食材的過程。特別是蔬菜，不管是熟食或生食，都必須徹底洗淨。

▪ **將食品貼上標籤**：在食品包裝、容器或是冷凍袋外面標示食品的名稱及購買日期，可幫助我們記得優先食用順序以及有效期限（圖1）。

2

1

■ **使用適合的容器：** 經脫水處理的食物保存時間較長，而新鮮的食物較容易腐壞，腐壞的原因便是在於潮濕。水是影響微生物孳生的重要因素，我們必須避免容器和空間的潮濕，因為微生物喜歡在這些環境繁殖。使用塑膠保鮮袋保存食物，特別是需要冷凍的食物，也可保存於乾淨且乾燥的密封容器，或真空包裝袋，這些都是可能使用的方式（圖2）。

■ **避免曝露於空氣中：** 雖然不是所有的微生物都需要氧氣才能生存，但大部分的微生物都是好氧微生物，因此，消除氧氣可以防止微生物孳生。食物真空包裝就是基於這個概念應運而生，將包裝袋內的氧氣抽出，減緩微生物的生長。這種方法較特殊，需要設備協助，不是新鮮的食物，採用真空包裝並無意義。此外，真空包裝也不是永遠萬無一失，因為某些厭氧微生物可以在缺氧的情況下繁殖。建議購買食品真空包裝機前，可以先考慮這些因素。

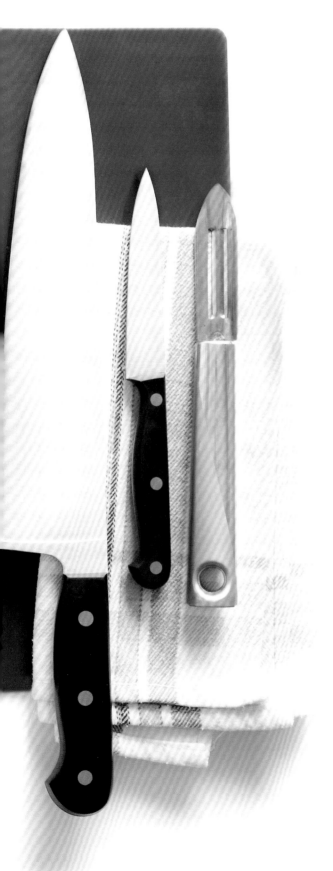

一切就緒

開始烹飪前，我們應該先集中所有食材，確實測量所需的數量，以及準備好須使用的器具。確認已經備妥所有烹飪時所需的東西。

在專業烹飪界，我們用這句法文「la mise en place」來表達烹飪一道料理前準備的過程。也就是將所有食材、需要使用的廚具和小工具，在烹飪之前就準備好，放在料理台上。

將所有東西按順序放好，再次確認沒有缺少任何東西，不要到開始烹飪才發現缺少東西，因而耽誤烹飪的時間，這往往都是影響烹飪的關鍵因素。小心謹慎地準備，總是有助於我們做出成功的菜餚。烹飪的順序也是影響成功與否的重要關鍵，應按照食譜提示步驟一步一步地料理。

1

照著食譜步驟煮

幾乎沒有人在第一次閱讀食譜時，就能了解料理的各項步驟作法。因此，在開始烹飪之前，應多仔細閱讀幾次食譜，確認自己已經完全了解事前準備工作、烹調技巧，以及所需的時間。有系統地烹飪過程相當重要，可降低犯錯的機率，特別是當我們同時進行兩個動作時，像是一邊悶煮豆子，同時得利用時間開始製作醬汁，或是將食材切片準備擺盤裝飾使用。

話說回來，雖然依照食譜步驟很重要，但在過程中也不需要太過拘束。當我們清楚了解步驟之後，可以試著做一些變化，依照自己的能力做些修改。如果您願意，可以大膽嘗試變化。烹飪是一個創造過程，偉大的廚師們，都有著強烈的好奇心，以及勇於嘗試錯誤的精神。此外，可以為每次的嘗試做筆記，記錄變化或問題，可以不斷改良成為適合自己的私人食譜，用自己方式烹飪。

典型擺盤方式

1 在盤子底部灑上醬汁。

2 將食物依照各種形狀、質地、顏色平均地放入盤中。

3 加上配料、調味料以及上菜前的裝飾。

重量與測量

食譜中,在食材份量部分所出現的重量和數目,常常使我們產生疑惑,而且各食譜中所使用計算單位不盡相同,所以有時需要自己轉換計算實際多寡,這也使得製作一道料理變得複雜。

有專業的度量工具來測量秤重(秤、量匙、量杯),當然比較容易轉換出食譜上實際的份量,但熟能生巧後,同樣也能利用廚房中一般餐具做估略測量(湯匙、碗、茶杯…等)。

常用估測單位

液態

1 杯水 = 250 ml

1 杯咖啡牛奶 = 250 ml

1 杯咖啡 = 100 ml

1 杯葡萄酒 = 150 ml

1 杯茶 = 150 ml

1 杯優酪乳 = 150 ml

1 杯雞尾酒 = 40 ml - 50 ml

1杯白蘭地=150 ml

1 匙(湯匙)= 15 ml

1 匙(甜點匙)= 5 ml

1 勺子 = 250 ml

固態

即使體積相等,食物重量可能隨質地、密度變化。一些建議估測方式有:

	1杯(250 ml)	1匙(15 ml)
米	190g - 200g	10g - 12g
糖	200g - 220g	12g- 15g
奶油	125g	8g - 10g
小麥粉	250g - 290g	18g - 25g
鹽	200g - 220g	15g - 25g

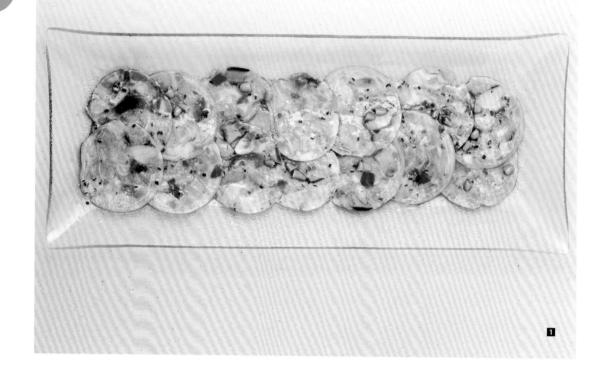

1

端菜上桌

準備給全家人的餐點，自然跟準備2人份的餐點不一樣。每一種菜色都有其適合的上菜方式，烹飪方式也會影響取菜裝盛、擺盤。

烹飪的最後上菜階段跟烹飪前的準備一樣重要，先想想端菜上桌需要哪些東西，並做好準備。比方要從爐子中取出食物，務必要想好安全措施。準備好盛裝食物的器皿（盤子、杯子或托盤），再決定是使用勺子、鏟子或夾子將食物取出。

別忘了，在料理台清出一塊空間與準備好盛裝的器皿。此外，也必須注意最後擺盤裝飾的配件，可使用像是草類、香料、花、炸物附餐等。最後，用乾淨的濕布或餐巾紙將盤子上食物的沾痕擦拭乾淨。每一道料理，都是用心努力製作的成果，值得用最好的一面呈現。

菜單與供應方式

我們計畫要做的菜色,上菜的形式可能因餐具、數量及用餐型態而有很大的差異。在專業廚房中,我們稱之為「供餐型態」。

若想嘗試準備從前菜、主菜到甜點的套餐形態,建議從自己能力範圍內,且有把握完成的菜色開始。不要把一切弄得太複雜,以免影響我們享受烹飪的樂趣。準備新鮮、健康且容易製作的料理,總是較易受歡迎。

■ **西班牙式套餐**:為最普遍的類型,通常會提供兩道菜,或是沙拉配主食,最後是甜點。

■ **單點小菜**:正餐時間以外,提供多種的單點小菜[5],通常用餐顧客是兩人以上一同分享,份量不多。

■ **自助餐**:非正式派對餐點的最佳選擇,將豐盛的菜餚擺放在桌上,客人可依自己的喜好選擇食用。可以將食物按照種類依區域擺放,像是沙拉區、主食區、甜點區等(如圖1)。

■ **主廚推薦套餐**:由一系列小份量的菜餚所組成,讓客人可以品嚐各種菜餚。通常是4至10道菜餚。如果要在家準備品嚐菜單,準備6道菜是不錯的選擇。當然,準備一系列菜餚有它的難度,必須確認自己有能力做出所有的菜餚,並掌握好所有的烹飪過程,在適當的間隔時間上菜(如圖2)。

■ **烤肉**:讓客人可以在輕鬆氣氛下享用現烤食物。可以準備一些小菜和調味醬,搭配主食烤肉和客人一起分享。

---

5 和正餐未必有關聯,主要是配酒聊天的小點。

安全的廚房

廚房是一個容易發生意外的地方,遵守安全準則可降低意外發生,讓我們在做菜的過程中保持穩重鎮定,也舒適自在。

廚房的安全守則,是烹飪時必須遵守的重點。在廚房這個工作空間中隱藏著很多危險,也因為日常性活動,往往我們就會掉以輕心。遵守安全準則是相當重要的,特別是當我們使用切割刀具、加熱工具及電子設備時。應該將烹飪器材有條理地放置,以維護我們的安全。

■ **避免燙傷**:拿熱的物品一定要使用隔熱手套或防燙夾,無論如何都不應使用餐巾紙、乾抹布或濕抹布。食物要慢慢地放入熱油或熱水,避免滾燙液體飛濺所造成的危險,穿著長袖上衣和圍裙也可作為防護。若不慎引燃爐火,應該用抹布或鍋蓋馬上蓋住,絕對不要加水。

■ **湯瓢和鍋鏟：**避免將湯瓢和鍋鏟放在鍋子中隨食物加熱，開啟鍋蓋時必須小心，避免被蒸氣燙傷。

■ **用刀安全：**保持烹飪用刀尖銳乾燥，避免直接留在工作區，移動轉交的時候要小心，絕對不要將尖銳端朝外。

■ **鍋子和爐子的握柄：**避免讓握柄部分超出爐火台區域（如圖1）。

■ **砧板：**養成用砧板切割食物的習慣，並將砧板平穩放置於料理台（如圖2）。

■ **關閉電器設備：**烹飪完成之後，確認是否已經關閉所有電器設備，並記得清洗設備前須先拔除插頭。

■ **排油煙設備：**廚房應設有良好的排油煙系統。確認風斗及風扇是否保持乾淨且運作正常。

食材特性研究

食材特性研究

食材的多樣、美味以及品質，決定料理出來菜餚的好壞。食材是任何一道料理的基礎，當然，也取決於我們的烹飪知識，如何將食材發揮成美味的佳餚。

今日，我們很容易便能取得來自世界各地的多樣食材。這讓我們能夠擴大美味料理的可能性，或是嘗試製作新的菜色。不過，雖然我們並不排斥接受全球化市場，但仍應先從本地生產的商品開始關注，那些屬於我們自己土地上和氣候中的產物，同時也是我們記憶和傳統的一部分。

在地食材的定義為距離100公里內鄰近農場所生產的農產品，讓我們能夠經常品嚐新鮮且與我們生活文化相關的食物，也能讓我們回想過去吃這些菜的記憶。食物和音樂一樣，能夠觸動情感深處，喚起我們藏在腦海中的回憶。讓我們好好享受這樣的感覺。

季節性食材和鄰近在地食材，除了品質較佳之外，也能在成熟度最佳的狀態下食用，並且能減少因長途運送而耗損能源。同時，根據季節選購食材，也可支持當地農業、漁業和畜牧業。

儘管如此，一些其他國家的特色食材，我們也可以購買。就像我前面提過的，我們可以藉此認識其他的烹飪方式，豐富我們的烹飪世界。

在接下來的幾頁，我們將具體介紹一些主要食材的特性，和最佳購買時機的產季日曆（指口感最佳且價格最優），並提供處理食材和烹飪的建議。我們必須保持好奇心，並自我要求能確切地了解手邊食材的特性，也許看似枝微末節，但卻是擴展烹飪知識的必備基礎。

蔬菜

蔬菜種類繁多,在不同的料理中可做
出許多變化,口味令人驚豔,且含有
豐富的營養成分。

蔬菜這個類型的食材種類繁多,十分複雜,除了
一般所認知在田園裡自土壤中生長出的蔬菜外,
還有許多並不是在田園裡植栽的植物,也經常在
菜餚裡出現。接下來會以「烹飪的觀點」來介紹
各蔬菜類型、特性,以及如何挑選。

除了日常入菜料理的蔬菜,同時也應該多認識較
少被使用的植物類食材,它們除了味美,還含有
豐富的營養成分。蔬菜總能搭配入菜料理,可做
成生菜沙拉當作前菜,亦可水煮或熱炒,當作主
菜料理的配菜或配料;也適合製作清湯和濃湯,
可說是一種不可或缺的元素。

依照各種蔬菜可食用的部位,可分類為:葉菜、
根莖、塊莖、地下莖;嫩莖;果實;豆莢與種
子。

葉菜類

葉菜類含有豐富的維生素A、維生素C、鈣、纖
維、葉綠素，且具有很高的抗氧化能力。大部分
都是綠色的，水分含量高，可提供人體所需。這
類蔬菜大多是萵苣屬類，但形狀大小不一，味道
也不同，有的較甜，有的較苦澀。各種葉菜蔬菜
結合在一起，就能製作出一道美味的沙拉。

烹煮葉菜類蔬菜時，應注意調味以突顯其味道，
同時注意烹煮時間好保留最大營養成分。此外，
葉菜類蔬菜可做為配料或擺盤使用，除了提供豐
富的營養，還能襯托出主菜風味。

值得注意的是，某些蔬菜，諸如紅莖菾蓬菜[6]或菊
苣類蔬菜，它們不但美味，而且跟波菜屬葉菜一
樣，含有豐富的礦物質。

- 菾蓬菜
- 紅菾蓬菜
- 菊苣
- 西洋菜
- 玉蘭菜/苦苣
- 菊苣（如63頁上圖）
- 波菜紅葉生菜

- 萵苣
- 結球萵苣
- 蘿蔓生菜
- 特羅卡德羅萵苣/奶油生菜
- 紅卷鬚萵苣
- 綠卷鬚萵苣

[6] 菾蓬菜等於甜菜葉（alcega），長在土裡的部分就是甜
菜根（remolacha），如64頁的上圖。

甘藍類蔬菜

甘藍類蔬菜[7]的品種和味道相當多樣。有些味
道較重，有些則較淡，所以結合在一起會形
成有趣的對比。可以嘗試每天以不同品種的甘
藍菜料理，使用不一樣的方式烹飪。可以直接
煮，也可以加入肉湯，運用一點創造力，就能
變化出不同口味。例如它的葉子可以做包菜料
理，也可用於製作泡菜。

- 青花椰
- 高麗菜
- 大白菜
- 抱子甘藍/球芽甘藍
- 紫甘藍
- 花椰菜
- 大頭菜
- 寶塔花菜

[7] 甘藍種的蔬菜外觀有兩大類，一是花菜型另外是包心葉型。

塊根、鱗莖、地下莖類

塊根、鱗莖、地下莖類蔬菜，通常用於配料，若學會如何利用它們，也可以做出許多新的變化。塊根和塊莖營養成分含量高，多肉且質地細膩。燉煮後總是相當美味，是菜餚、肉湯、羹湯不可或缺的配料。如果我們嘗試用油炸的方式料理，亦可做為美味的開胃菜或配菜。這類蔬菜多半色彩繽紛，也讓我們能應用在製作濃湯或誘人的菜泥，此外，跟香料和藥草類食材結合的成果也很不錯。鱗莖類蔬菜，像是大蒜和洋蔥，可做為任何一種醬料的基底，其清新的味道，也相當適合搭配沙拉食用。

- 大蒜
- 塊根芹
- 番薯
- 洋蔥
- 青蔥
- 歐防風
- 紅蔥頭
- 白蘿蔔
- 馬鈴薯
- 韭蔥
- 櫻桃蘿蔔
- 甜菜根
- 婆羅門參
- 胡蘿蔔

嫩莖類蔬菜

要確認嫩莖類蔬菜是否新鮮，可以手指輕壓檢查其紮實度或嫩脆度，菜葉顏色是否鮮豔，尤其是芹菜，需要特別注意。芹菜幾乎出現在所有的熱食料理，像是湯類、燉菜，或是可以將生芹菜直接加入沙拉，甚至也可加入雞尾酒，如血腥瑪莉（Bloody Mary）。另一個特色較突出的嫩莖類蔬菜是蘆筍，不論是綠蘆筍或白蘆筍，都經常被視為重要食材，可做配菜或主菜。

- 芹菜
- 刺菜薊
- 蘆筍

果實類蔬菜

這類蔬菜大部分為眾人熟知，顏色和味道都較強
烈，含有豐富的維生素和礦物質。雖然幾乎全年
都可以買到，但建議先了解各種果實最佳成熟度
的時間，大部分都是在氣候較熱的季節。果實類
蔬菜成熟時，味道達到最佳食用狀態，價格也較
理想，因此在構思食譜和菜單時應考慮時間點，
或是妥善保存，在非產季時或在市場買不到時還
可以使用。它們在多種菜餚中扮演重要的角色，
可做為調味醬、配菜或主菜。

- 酪梨
- 茄子
- 櫛瓜
- 南瓜
- 尖辣椒
- 朝天椒
- 黃瓜
- 紅椒 青椒
- 番茄

豆類

豆科植物也可當新鮮蔬菜食用，某些種類不僅豆
子能隨豆莢一併食用。若是等它們成熟結果，經
過風乾和後續的保存手續，就變成是乾豆類。它
們是營養成分含量相當豐富的食物，我們可以用
很多種方式烹飪。蔬菜如果鮮嫩，如荷蘭豆和嫩
豌豆，可用水煮或熱炒的方式料理，但烹煮速度
要快。

- 豌豆
- 蠶豆
- 四季豆
- 荷蘭豆

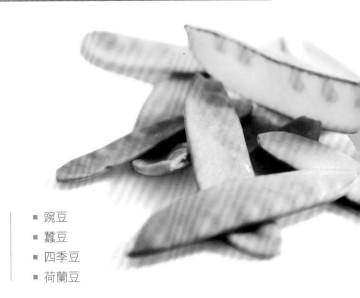

食材特性研究

	1月	2月	3月	4月	5月	6月	7月	8月	9月	10月	11月	12月
Acelga 莙薘菜	■	■	■	■	■	■	■		■	■	■	
Ajo 大蒜				■								
Ajo tierno 蒜苗	■		■		■		■					
Alcachofa 朝鮮薊	■	■	■	■	■					■	■	■
Apio 芹菜	■	■	■							■	■	■
Apio nabo 塊根芹												■
Berenjena 茄子	■	■	■	■	■	■	■	■	■	■	■	■
Boniato 番薯	■	■	■							■	■	■
Borraja 琉璃苣	■									■		
Brócoli 青花菜	■	■	■	■	■					■	■	■
Calabacín 櫛瓜	■	■	■	■	■	■	■	■	■	■	■	■
Calabaza 南瓜	■	■	■	■					■	■	■	■
Calçot 甜韭蔥	■	■	■	■	■							■
Cardo 刺菜薊	■	■									■	■
Cebolla 洋蔥	■	■	■		■	■		■	■	■	■	■
Cebolleta 青蔥		■	■	■	■							
Col 高麗菜	■											
Col de Bruselas 抱子甘藍	■	■	■								■	■
Coliflor 花椰菜	■	■	■							■	■	■
Col lombarda 紅色捲心菜	■	■	■							■	■	■
Endibia 茅菜	■	■									■	■
Escarola 菊苣	■	■									■	■
Espárrago 蘆筍				■	■	■						
Espinaca 波菜	■	■		■	■		■			■		
Guisante 豌豆		■	■	■	■							
Haba 蠶豆		■	■	■	■							
Hinojo（bulbo）小茴香（塊莖）								■	■	■	■	■
Hoja de roble 紅葉生菜							■					
Judía verde 四季豆				■	■				■		■	■
Lechuga 萵苣	■	■				■	■	■	■			
Lechuga romana 蘿蔓生菜						■	■	■				
Lollo rojo 紅卷鬚萵苣							■					
Nabo 白蘿蔔	■	■	■		■						■	■
Patata 馬鈴薯					■	■	■	■	■	■		
Pepino 小黃瓜					■	■						
Pimiento del padrón 帕德隆辣椒							■	■	■	■		
Pimiento rojo 紅椒	■	■	■	■	■	■	■	■	■	■	■	■
Puerro 韭蔥	■	■	■	■	■	■	■	■	■			
Rábano 櫻桃蘿蔔	■	■	■	■	■		■					■
Tirabeque 荷蘭豆				■	■	■						
Tomate 番茄				■	■	■	■				■	■
Zanahoria 胡蘿蔔	■	■		■	■	■	■	■	■	■	■	■

生產的季節取決於地區的氣候。

菌菇類

菌菇類，嚴格說來並非植物，而是一種令人驚奇的真菌生物。它們強烈和獨特的風味，是烹飪料理時被考慮使用的首要食材之一。菌菇類特別的是它帶有一般蔬果類沒有的「鮮味」，「鮮味」是日本料理術語，為料理五味中的其中一味，其他四個分別為甜、酸、苦、鹹。料理時最好以較溫和的方式烹飪，才能突顯其特殊香氣。由於烹飪時會流失大部分的水分和重量，烹飪時也講求快速，好保留菇肉厚實，以及源自土地和灌木叢的鮮味。

菇類的生長季節性較短，但我們可以品嚐到許多不同品種的菇類，產期分布於全年不同時期，它們香氣強烈、野生品種多樣、成熟季各不同。

至於松露，我們在挑選時應選擇氣味濃郁，指尖捏起來堅硬的松露，充分發揮其潛力。建議使用當季的松露，避免使用保存太久的松露，因為其氣味會流失。料理剩餘下的松露需要保存於冰箱，但不要保存太長的時間。松露通常不是直接拿來烹飪，而是薄切或刨絲上菜前搭配盤中主食，避免過度受熱破壞其香氣。

菌菇類保存方式

菇類和松露都相當美味。最好放在冰箱內保存，烹飪前一刻再將它們拿出準備。某些品種可以用水清洗，但其他的品種最好只用布擦去泥土痕跡。如果不馬上使用，某些品種可以冷凍保存，但較適合大多數的品種的方式是以乾燥保存，同樣也可以用鹽漬、油封、醋漬等方式保存，或者煎熟後冷凍保存。

野生菇類

- 草笠竹（學名：Morchellaesculenta羊肚菌）
- 南瓜蘑菇或波爾多蘑菇（學名：Boletus edulis美味牛肝菌）
- 松乳菇（學名：Lactariusdeliciosus）
- 凱薩蘑菇（學名：Amanita caesarea）
- 畢爾巴鄂蘑菇或聖喬治蘑菇（學名：Calocybe-gambosa）
- 雞油菌菇（學名：Cantharelluscibarius）
- 喇叭菌菇（學名：Craterelluscornucopioides）

栽植菇類

- 雙孢蘑菇（學名：Agaricusbisporus）
- 杏鮑菇（學名：Pleurotuseryngii）
- 香菇（學名：Lentinula edodes）

水果

含有豐富的營養成分，味道廣泛且品種繁多。擁有超過千種以上的口味、顏色、紋理、形狀。

水果類食物不需要烹飪，也不需要加入其他食材搭配來顯現其美味和特色，相反的，它們可能是驚喜的配料，像是增加料理的協調、顯現出對比度的配料或是搭配各種料理，使其更加完整。

若想取得品質最好的水果，理想的方式是一個個挑選，透過聞嗅可以得知水果的成熟度，購買時要考量食用時間，不見得一定要買完熟的水果，不要購買有撞傷或擦傷的水果。記得選擇當季或當地成熟的水果以確保其最佳風味口感，審慎選擇這些當季水果，也等於是對環境的尊重。

水果富含豐富的多種維生素和礦物質，也含有大量的天然果糖。為了能吸收其最多的營養成分和最佳的風味，建議使用下方幾種方式保存。

水果保存建議

■ **將水果存放在通風陰涼處**

保持通風可以防止乙烯聚集，水果都會釋放乙烯氣體，這是一種天然催熟激素，加快水果成熟的同時，也意味著會加速腐壞。通風清涼的環境則可減緩水果成熟的速度。

■ **將水果存放於適合的容器**

建議保存於可讓水果呼吸的容器。購買完之後，盡快將水果從塑膠包裝或袋子中取出，放入透氣的容器保存。

■ **達到完熟時機**

如果我們想要將成熟的水果保存更長的時間，可將它們存放於冰箱底層的抽屜。但若想加快其成熟過程，可將它們跟成熟的水果放在一起。成熟的水果會產生乙烯氣體，可加快其他未成熟水果的成熟過程。

■ **漿果類**：樹莓、草莓、醋栗
■ **柑橘類**：檸檬、酸橙、橘子、紅橙、柚子、金橘（金桔）
■ **核果類**：杏桃、李子、棗子、芒果、桃子、油桃
■ **蘋果類**：金富士蘋果、澳洲青蘋果、雷聶塔蘋果
■ **瓜類和西瓜**：綠肉甜瓜、黃肉甜瓜、橘肉哈密瓜、白肉哈密瓜、網紋西瓜、西瓜
■ **梨類**：西洋梨、布蘭基亞梨、水梨、聖胡安梨、香梨、檸檬梨
■ **其他**：石榴、榅桲、柿子、百香果

水果

	1月	2月	3月	4月	5月	6月	7月	8月	9月	10月	11月	12月
Aguacate 酪梨									■	■	■	■
Albaricoque 杏桃					■	■						
Arándano 蔓越莓						■	■					
Caqui 柿子	■											
Castaña 板栗											■	■
Cereza 櫻桃						■						
Chirimoya 釋迦	■	■			■					■	■	■
Ciruela amarilla 黃肉李						■	■	■				
Ciruela roja 紅肉李						■	■	■	■			
Ciruela verde 綠肉李								■	■			
Dátil 棗子											■	■
Frambuesa 覆盆子						■	■					
Fresón 草莓			■	■	■							
Granada 石榴									■	■	■	
Grosella 醋栗						■	■					
Higo 無花果								■	■			
Limón 檸檬	■	■	■	■	■					■	■	■
Mandarina 橘子	■	■	■							■	■	■
Mango 芒果									■	■		
Manzana 蘋果	■	■	■	■	■				■	■		
Manzana Granny Smith 澳洲青蘋果												■
Manzana Reineta 雷聶塔蘋果											■	■
Melocotón 桃子						■	■	■	■			
Melón 香瓜						■	■	■	■			
Melón galia 白肉哈密瓜							■	■				
Membrillo 榲桲										■	■	
Mora 桑葚						■						
Naranja 橙子	■	■	■	■	■					■	■	■
Naranja sanguina 紅橙	■	■										
Nectarina 油桃						■						
Níspero 枇杷					■	■						
Paraguayo 蟠桃						■	■					
Pera conferencia 西洋梨	■	■	■	■					■	■	■	■
Pera de agua 水梨	■	■	■							■	■	■
Pera de San Juan 聖胡安梨						■	■					
Pera ercolina y limonera 香梨和檸檬梨							■	■	■			
Plátano 香蕉	■	■	■	■	■				■	■	■	■
Pomelo 柚子	■	■	■	■						■	■	■
Sandía 西瓜						■	■	■	■			
Sandía rallada 條紋西瓜							■	■	■			
Uva blanca 白葡萄								■	■	■	■	■
Uva roja 紅葡萄									■	■	■	■

生產的季節取決於地區的氣候。

香草、香料、食用花、芽菜

植物世界帶給我們無數的香氣和味道，讓我們可以在烹飪時做為調味品使用。除了提升食物的味道之外，也增加每道料理的獨特性。

香草、花、芽菜、香料能為我們的料理添加個性。它們有時能畫龍點睛，創造菜餚的獨特性；有時或擔任配角，簡單地替菜餚調味。此外，我們也可以自己在家種植這些植物食材，讓烹飪更有意義。接著讓我們來看這些植物的主要用法。

香草植物

我們可以很容易地在自家花園、陽台或窗邊種植香草植物。如此一來，當需要這些食材時，馬上就可以取得，也可讓家中散發怡人的香氣。我們可以在蔬果店購買盒裝的香草，直接放入冰箱保存。放進冰箱保存時，最好先用紙或布包裹，以保存其濕度，並且避免微生物繁殖。

香草乾燥後類似香料，它可以幫助我們調味各種料理。新鮮型態的香草品質固然較好，但乾燥香草能夠隨時使用，也是另一個優點。

香草目前多半以冷凍乾燥方式保存，這種保存方式下的品質會比風乾乾燥方式來的好，且可以保留植物中營養成分，蒔蘿和迷迭香都是用這種方式保存。

- 羅勒
- 蝦夷蔥
- 芫綏
- 蒔蘿
- 龍蒿
- 馬鞭草
- 小茴香
- 月桂
- 墨角蘭
- 香蜂草
- 薄荷葉
- 牛至
- 歐芹
- 細葉芹
- 迷迭香
- 鼠尾草
- 百里香

食用花卉

花的精緻、美麗和美味，被運用在許多專業料理，儘管已經廣泛使用，但仍不斷帶來驚喜。市場上提供許多品種繁多且品質優異的食用花。它的使用應該搭配料理的風格，用於裝飾，則必須測量其尺寸，使其得以提供怡人香味，以及裝飾料理周圍的色調。

食用花常在專賣商店販賣，但某些草本香料植物也跟食用花有相同的用處，像是迷迭香、羅勒和小茴香。

- 琉璃苣
- 櫛瓜花
- 南瓜花
- 金盞草
- 旱金蓮
- 康乃馨
- 杏花
- 天竺葵
- 豌豆花
- 三色菫
- 玫瑰花
- 婆羅門參花
- 接骨木
- 紫羅蘭

芽菜和迷你蔬菜

植物嫩葉和芽菜這些迷你蔬菜，能為料理提供味覺口感、美觀，以及豐富的營養成分。這樣迷你嬌小的樣貌是自然狀態，營養成分比成熟時還高，因為它們其實是在種子萌芽階段，所有生長養分都集中在芽菜，當植物慢慢成長，這些養分將分散至其他部位。

芽菜的種類超過40種。我們可以將種子用水培的方式種植，也就是說將種子泡在加有人工育苗養份的水中培育。當豆芽成長到一定的大小，味道和質地都已達理想可入菜料理時，就可以摘來使用。

▪ 羅勒	▪ 白蘿蔔
▪ 苜蓿	▪ 櫻桃蘿蔔
▪ 琉璃苣	▪ 芝麻菜
▪ 紫甘藍	▪ 鹽角草
▪ 大根/日本白蘿蔔	▪ 芝麻
▪ 扁豆	▪ 紫蘇
▪ 芥末	▪ 綠豆
▪ 紅芥末	▪ 小麥

香料和其他佐料

我們可以透過不同的氣味到世界各地旅行。香料能使人聯想異國景觀和風土民情，如果我們去探索它們的無限可能性，可使料理富有各種不同的感覺，包括像是驚喜、新鮮、溫熱感、活力等。為了香料激活的營養成分，我們必須將其稍微加熱。運用這個方式，它們的香氣將發揮其最大效益。不過，我們只能少量使用，因為其芳香的力量可能是非常強大的。

使用香料前，最好將香料磨碎。可以用自己喜歡的方式將它們搭配在一起。例如鹽，可以跟不同的香料和草本植物搭配在一起，像是蒔蘿、檸檬、孜然、辣椒粉等。

- ▪ 八角茴香
- ▪ 綠八角茴香
- ▪ 番紅花
- ▪ 杜松子
- ▪ 肉桂
- ▪ 小豆蔻
- ▪ 凱燄辣椒
- ▪ 芫荽
- ▪ 丁香
- ▪ 孜然
- ▪ 咖哩粉
- ▪ 生薑粉
- ▪ 肉豆蔻
- ▪ 紅椒粉
- ▪ 紅椒
- ▪ 甘草
- ▪ 香草
- ▪ 山葵

食物儲藏室

一間好的儲藏室，能提供您取之不盡、用之不竭的資源。我們在儲藏室裡存放基本的食物，也存放我們喜歡的食品。經常檢查儲藏室的存量，並保持整齊擺放是相當重要的。

有些基本常備食材，是任何一間食物儲藏室都不能缺少的，當然，也會存放一些自己偏愛的食物。無論如何，最重要的，就是要天天檢查儲藏室的食物狀況，看看哪些食物已經吃完了需要補充購買，並檢查食品的有效期限，更新過期食品。儲藏室相當適合那些需要在乾燥且陰暗環境中保存的食品；存放時，應該將快到期的商品放在第一排，好提醒我們在過期前食用完畢。此外，最好將食品依類型分區放置，這樣做也利於我們制定購物清單。在任何情況下，儲藏室須保持乾淨通風，並記住罐頭食品一旦開啟，就必須放置在冰箱保存。

接下來介紹儲藏室主要食品的分組，以及一些儲藏室存放的建議。

油和醬料

■ **油**：杏仁油、榛果油、花生油、葵花油、玉米油、橙油、橄欖油、特級初榨橄欖油、柚子油、芝麻油、大豆油、松露油。

■ **醬汁**：美乃滋、芥末醬、薄荷醬、醬油、番茄醬、照燒醬、芝麻醬、歐洲鯷魚醬、黑橄欖醬。

■ **醋**：酒醋、覆盆子醋、雪利酒醋、巴薩米克醋、蘋果酒醋、香草醋。

ALIMENTACIÓN GENERAL

■ 米
■ 糖
■ 蔬菜汁
■ 咖啡、茶、花草茶
■ 醃洋蔥
■ 醃漬甘藍
■ 罐頭
■ 醃漬蔬菜
■ 麵粉
■ 果凍
■ 牛奶
■ 豆類
■ 果醬
■ 蜂蜜
■ 橄欖
■ 麵條
■ 食鹽

魚類

魚類在保存上是極難照料並易腐壞的食材，但在營養價值上卻十分有益身體健康，且適合用於任何場合和菜單。不論是低脂肪魚類和高脂肪魚類，都是日常飲食必不可缺的食物

全球便捷的交通運輸，讓魚類的採購能有相當多樣的選擇，而且因運送過程相當快捷、能夠確保送達我們手上還是新鮮的。低脂肪魚類（脂肪含量約2%）和高脂肪魚（脂肪含量超過5%以上）為漁獲量最多的兩大族群，囊括魚種相當多樣，含有豐富的營養。

儘管如此，若有幸住在海岸附近，就可一年四季享用所有當地和當季的美味新鮮漁產。

事實上，如同水果和蔬菜一樣，漁產在一年之中，也有其口味最佳的季節，通常與其繁殖季節吻合。讓我來告訴您一些專業人士的建議，包括每個魚種的最佳食用季節，以及如何清洗和切塊等，我們可依照專家的建議來處理漁產。

像魚類這類易腐壞的食物，購買的主要指標就在於新鮮度。建議在購買當天便料理食用，就算放冰箱保存也不要超過一天。如果不打算在短期內食用，最好購買冷凍漁產。

如何辨別漁產新鮮度

■ **眼睛明亮**：現撈現捕的新鮮魚貨，魚眼睛會是清澈透明，而且微微突出；如果出現白色霧狀薄層而且乾癟下陷，表示已不新鮮。

■ **魚鰓呈鮮紅色**：這是新鮮度的另一個體現。當魚鰓失去色彩或變黑時，表示該漁產已經不新鮮。

■ **海的氣味**：這是我們購買漁產應有的氣味。避免購買氣味過於強烈或甚至發出異味的漁產。

■ **魚體結實**：魚皮應緊實，且鱗片緊附魚體。魚肉緊密地附著魚骨，魚皮應呈現較明亮的色澤，當然不同魚種呈現的色澤也不同。

¹ 讀作「艘」。

	1月	2月	3月	4月	5月	6月	7月	8月	9月	10月	11月	12月
鯷魚					■	■	■			■		
鰻魚（河中）								■	■			
吻仔魚	■	■	■	■							■	■
鮪魚					■	■						
大西洋鱈	■	■	■	■	■							■
鰹魚	■	■	■	■							■	■
鯖魚						■	■	■				
鯵魚			■	■	■	■						
金頭鯛					■				■		■	
鯛魚			■									
鮋魚					■	■	■	■				
鰈魚					■	■	■	■	■			
鯵¹魚								■	■	■		
八目鰻		■	■	■								
鱸魚	■	■	■	■			■			■	■	
牙鱈					■	■	■					
旗魚		■			■	■	■	■	■	■	■	■
鮟鱇魚	■		■	■								
魟魚					■	■	■					
大菱鮃			■			■	■					
鮭魚								■	■			
紅鯔魚	■										■	■
沙丁魚					■	■	■		■	■		
鯊魚							■	■				

根據漁區產季可能會有所變動。

海鮮類（貝類和甲殼類）

來自海洋最精緻且美味的食物。購買時最好了解如何簡單地辨認其新鮮度，雖然也可以購買冷凍包裝產品。

海鮮是一種精緻且非常珍貴的食品。從捕獲、保存良好到運送並不容易，所以海鮮價位通常都較高。我們同樣也可以購買到品質良好的冷凍海鮮，通常這類產品價格較低，但口感上是比不上現撈的。

很有趣的是，你可能會發現很容易在魚販買到來自遙遠海域的海鮮，有時候價格卻比鄰近海域漁場所捕撈的還便宜，但請注意產地很重要，比如說「地中海龍蝦」和「加拿大龍蝦」的營養價值相同，但牠們的味道不一樣，而且事實上牠們並不屬於同一物種。

從美食的觀點來看，海鮮類食物中，讓人較感興趣的，是殼類動物和軟體類動物。軟體類動物中，有三個主要用於烹飪的群組，分別為頭足類（章魚、魷魚、墨魚）、腹足綱（骨螺、蝸牛）、雙殼貝類（淡菜、蛤蜊、竹蟶）。

跟漁產一樣，挑選貝類、軟體類和頭足類海鮮，也需要有一些基本知識，以判定其新鮮度和口味。在水產店裡，我們可以依這些海鮮展示的外觀，判定牠們是否新鮮，但最好是買活的。

CEFALÓPODOS頭足綱類

- 魷魚
- 章魚
- 墨魚

甲殼亞門類（節肢動物）

- 螯蝦
- 黃道蟹/麵包蟹
- 螃蟹
- 蜘蛛蟹
- 挪威海螯蝦
- 白蝦
- 龍蝦
- 草蝦
- 招潮蟹

有殼軟體動物門類

- 蛤蜊
- 烏蛤
- 淡菜
- 竹蟶
- 牡蠣
- 扇貝

其他

- 厚殼玉黍螺
- 刺螺
- 鬼爪螺

辨識頭足類動物的新鮮度

- **肉質緊密**：肉質觸感應緊實、濕潤、有光澤且平滑。
- **珍珠光澤**：肉質顏色應呈珍珠白與珍珠色粉紅的色澤。
- **觸角有力**：觸角不應變鬆軟或出現不新鮮的稠狀黏液。
- **新鮮氣味**：氣味應該乾淨清新的，不會過於強烈或讓人不愉快

辨識軟體類動物的新鮮度

- **殼瓣緊閉**：不要購買殼瓣完全張開的，若看到呈現半開狀態，可以輕觸看看，是否在受到刺激之後迅速收縮關閉雙殼（表示裡面的動物仍活著）。
- **新鮮氣味**：或多或少應該會聞到海洋的氣味。

辨識甲殼類動物的新鮮度

- **關節緊實**：各步足應緊連軀體不應掉落，關節處的顏色也不該呈暗色。
- **觸角直挺**：新鮮的甲殼類動物保持堅硬直挺的觸角
- **明亮的眼睛**：像大頭針一樣小的眼睛必須呈明亮狀。
- **身體完整**：頭部、腹部和尾巴不應該被肢解。

	1月	2月	3月	4月	5月	6月	7月	8月	9月	10月	11月	12月
蛤蜊	■	■	■				■	■	■			■
鳥蛤	■		■	■	■					■		■
大螯龍蝦				■	■	■	■					
大海蟹	■	■	■	■	■	■	■	■	■	■	■	■
蜘蛛蟹				■	■	■	■	■	■			
烏賊								■	■			
長臂蝦	■	■	■	■	■	■	■	■	■			
小龍蝦					■	■	■		■			
螯蝦					■	■	■	■				
淡菜	■	■	■	■				■		■	■	■
竹蟶	■	■	■								■	■
招潮蟹					■	■		■	■	■	■	
牡蠣	■	■	■					■	■	■	■	■
鬼爪螺			■									■
章魚									■	■		
墨魚				■	■	■						
扇貝				■							■	■

根據漁區產季可能會有所變動。

肉類

肉類在我們日常飲食中經常出現，在傳統料理也可以看見，這麼多樣多種類的肉類可供食用，因此也衍生出各種處理方式以及烹飪方式。

在西班牙的飲食文化中，最常食用的肉類是牛肉、豬肉和羊肉，這些肉類被認定為「紅肉」，而禽肉和兔肉被認定為「白肉」。這兩種肉類的區分方式並沒有一個明確的科學標準，而是直觀地依照生肉的顏色判定其類別。從營養的角度來看，被認定為紅肉的動物為哺乳類動物，而被認為白肉的則多半是家禽動物。

如果可以，最好在烹飪當天再購買肉類的，或者至少能在短期內食用完畢。在現代我們有完善的保存方式，像是用真空包裝，只要能謹慎始終保持低溫存放，就可以延長肉類的保質期限。

牛肉

在市場裡，我們可以找到種類多樣的牛肉，從小犢牛、閹牛到母牛，因為品種、成熟度和不同部位，肉質都不同，可使用各種烹飪方式，像是燉、燜、煎、烤，甚至可以生吃。

當我們購買牛肉時，應挑選顏色較鮮紅的，因為這是新鮮的明確跡象。此外也要觀察牛肉紋理中是否有油花平均分布，挑選缺陷較少的，通常這都是肉質較好的特徵，像是某些類型的牛排，肉質口感較滑膩而美味。

豬肉

豬肉是全世界食用量最多的肉類,即使有一些宗教禁止吃豬肉。豬肉不管在何種料理應用都非常搭,幾乎整隻豬的所有部位都可食用,不論像是製作成香腸、燻肉、醃肉以及其他各式各樣的料理。

豬的腰部或里脊的肉質鮮嫩,建議烹飪時間要短;而豬蹄或是含有豐富明膠的豬肚,則需要使用長時間烹調;有些部位相當適合用烤的,像是排骨和肉排,其他部位也多半能被製作成各式各樣的豬肉製品,做出各式各樣的菜色。

豬的品種不同,品質和口味也不同。像是「伊比利豬肉」和「杜洛克豬肉」都是品質極為優良的品種。

內臟

現代飲食觀念可能會認為動物內臟噁心或骯髒,人們逐漸捨棄而不食用,但其實在悠久的烹飪傳統中,內臟佔有重要的位置,因為營養價值相當高,將內臟部分留下來運用在烹飪,您可能會獲得不一樣的驚喜。

某些美味的內臟需要較繁複的烹調程序,好讓其軟化,像是頭部、豬腸、牛尾或牛舌。其他像是肝臟、大腦和胰臟,則需使用較快速的方式烹飪。

綿羊肉和山羊肉

羊肉含有豐富的脂肪,質地鮮嫩,通常烹飪時間不宜太長;除了某些部位,像是頸部、腹部和腿部,可以較長時間料理。炭火燒烤、烘烤高溫料理方式也可以增強其風味。需要注意的是,山羊肉的肉質則較具騷味。

禽肉

可整隻作菜料理、亦可分取部位料理,禽肉烹飪前的準備方式相當多樣,烹調方式也很多種,包括像是炒、烤、醃、煮等。禽類的肉品部位的主要為胸部、大腿部肌肉發達的部位,由於肉的紋理不同,所以多半也適合各自不同的烹飪方式。

野生禽類的味道通常較強烈,烹飪前須讓其靜置一段時間,以軟化禽肉纖維較堅韌的部分。

認識廚房用具和機器設備

目前有很多廚具能協助我們烹飪，使烹飪變得相當容易。善加利用這些工具，將以往困難的料理變簡單了，無形中增進廚藝，能做出更豐富的菜色。

使用各式功能性廚具，可以讓我們更容易地處理廚房裡大部分的事務。但並不是要推銷大家去收集各種廚房工具，也不必要一定購買最新的設備，或在專業廚房中才使用到的專業工具。最重要的是，要將適切地使用各個工具，運用在每個類型的加工和烹飪。

有時，適時購買一些新廚具，像是一個簡單的溫度計，就可以開啟一個不同以往的烹飪世界，同時也保留傳統的手動工具，像是研磨缽、攪拌器或咖啡豆研磨工具，因為這些手動器具比自動化電子設備更容易控制，食物也能依自己的喜好保留較完整的結構。運用新廚具以及因應不同料理程序，也能激發我們的想像力，有更多的發揮空間。

總歸是為了提升料理技藝，能更細緻和準確地烹飪菜餚，做出更好且更具吸引力的料理，使烹飪成果更豐富，且更美味。

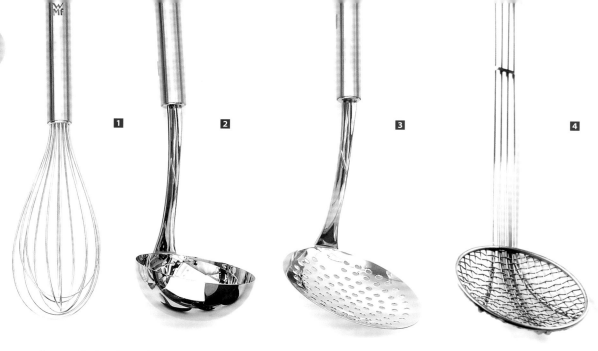

廚房用具

從為食物塑形的烹飪模具、料理完成上菜後盛湯的湯瓢，以及能在爐火上加熱的鍋、鑊等等烹調用具，都有它們的用處，都讓我們料理起來事半功倍。

不同類型的料理，需要使用不同的工具；不同飲食文化也會孕育不同的工具。就讓我們來檢視一些處理食材和烹飪較常見的必備工具。

攪拌、集中、抹平工具

- **攪拌器**：通常是金屬製，將一根根金屬線彎曲結合，連接到手柄，運用於混合或敲打食物（圖1）。
- **湯瓢**：長柄匙，用於舀盛湯品（圖2）。
- **漏勺**：用於過濾湯汁、篩汰或集中食物的寬匙（圖3）。
- **笊[2]籬**：跟漏勺相似，但其漏網使用金屬絲製作，主要用於過濾掉煎炸後的油渣子（圖4）。
- **抹刀**：其平面非常適合用於抹平或擴展食物。有不同類型、材質和尺寸（圖5）。
- **刮刀**：類似抹刀，以塑膠材質製作，用於集中或清理黏著於容器內的奶油、醬汁等黏稠液體（圖6）。

---

[2] 讀音「照」。

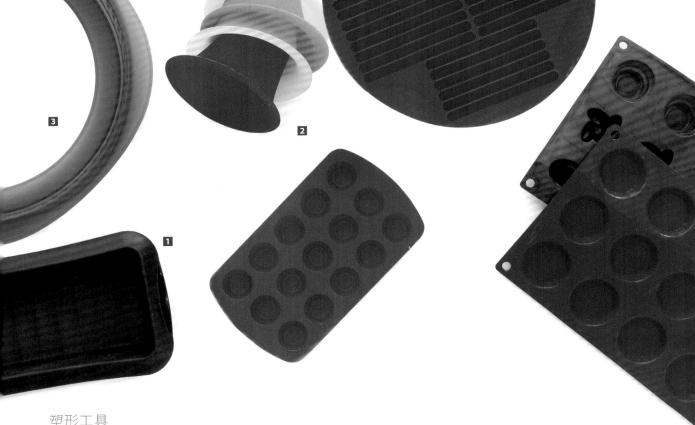

塑形工具

■ **加熱模具**：用來塑造食物形狀的容器，透過加熱或冷卻過程中塑形。容器的種類、形狀、功能多樣。矽膠模型相當實用，因為它靈活，且烹飪時不沾黏烤箱和微波爐（圖1）。

■ **按壓模具**：依需求有不同形狀和尺寸大小。使用時將食材或配料填滿模具後壓實，取出時食物將形成所需形狀（圖2）。

■ **切割模具**：多半用於切割麵糰，使麵糰和麵條成形，也可用來切水果。鐵製模具種類眾多，尺寸多樣，某些也具備環箍的功能。

■ **蛋糕環**：金屬製，直線或波浪狀，不同尺寸，通常可調整，可置於烤箱烤盤上烘焙蛋糕和鹹派（圖3）。

過濾和過篩工具

■ **錐形篩**：錐形過濾工具，上方有很多洞孔，用於過濾掉纖維和顆粒留下液體。通常由不銹鋼製成。它被廣泛運用於濃湯和湯品製作，過濾雜質，使口感滑膩。

■ **過濾篩**：過濾掉液體而留下食物。過濾篩的材質和尺寸大小相當多樣，濾篩上網格和孔的直徑大小也不同。

■ **濾粉篩**：這個工具上有很多細小的孔，用於過濾可可粉、糖和其他粉狀類食材。在製作糕點時常會用到。

■ **籮篩**：寬度較大的網狀過濾篩，金屬製或棉製，用於過濾像是麵粉或麵包屑粉狀食材，濾掉結塊部分，獲得更細緻且大小較一致的粉末。金屬製的籮篩也可用於製作果泥、蔬菜泥。

1

2

3

4

5

煮食器具

■ **蒸籠**：平坦的籠子，可放入鍋中用蒸氣烹煮食物，而食物不直接跟水接觸。可將同樣大小的蒸籠堆疊一起使用（圖1）。

■ **加蓋湯鍋**：側面有手柄的容器，加蓋設計，便於蒸煮液態食物，通常用於製作高湯或煮麵條和米飯。可運用於烹飪各種料理（圖2）。

■ **帶柄湯鍋**：圓形尺寸較小，用於加熱或燉煮少量的食物。可用於製作烹飪時間較長的料理，因為這類鍋底都有加厚，可均勻受熱，因此是一種可穩固烹煮食物的鍋子（圖3）。

■ **隔水加熱鍋**：由兩個鍋子組合而成，一個鍋子較大，另一個較小，以隔水加熱食物。配有專屬的配件，適用於蒸氣料理。

■ **烤盤**：盛裝需燒烤或焗烤食物的容器。通常為金屬製，矩形或橢圓形，底部平坦（圖4）。

■ **壓力鍋(快鍋)**：可密封的鍋子，使食材在烹飪時能快速熟透。蒸氣壓力可使鍋內溫度上升至125℃，加快烹飪速度。

■ **煎鍋**：平而淺，有各種不同的尺寸。不沾鍋具有一層保護層，防止食材沾黏於鍋內，可烹飪脂肪較少的食材。適用於快速烹飪和輕料理（圖5）。

■ **烤架**：通常為鑄鐵製，表面平坦或微微彎曲，為重量較重的工具，但是導熱很快。適用於大火集中烹飪，且可以保留食物原味。

搗碎、混合、分離工具

■ **壓泥器**：有孔的底盤，適合用於手工搗碎熟馬鈴薯和其他塊根植物，像是胡蘿蔔和歐防風，甚至可以將它們搗碎成泥狀（圖1）。

■ **鍋架式搗泥器**：有握把的過濾篩，可用於搗碎或過濾食材，是將食材製作成泥狀的理想工具。在製作馬鈴薯泥的情況下，使用這種攪拌器製作，比使用電動攪拌器的品質更好（圖2）。

■ **臼和杵**：有不同形狀、材質和大小，用於粉碎或研磨食材。有了它的幫助，可以更容易磨碎種子和製作某些醬料（圖3）。

■ **榨汁器**：加壓擠出柑橘類水果果汁。包括手動榨汁器和電動榨汁機（圖4）。

■ **手搖式碾磨器**：由簡單的機械和輪軸概念製成，手動旋轉驅動。可將種子更均勻地研磨得跟電動研磨機一樣的大小。最初的功用是研磨咖啡豆，但也可以研磨其他有趣的食材，像是鹽和少量的香料，或是將一些乾食磨成粉狀，像是某些菇類。它的尺寸多樣，材質也很多種。

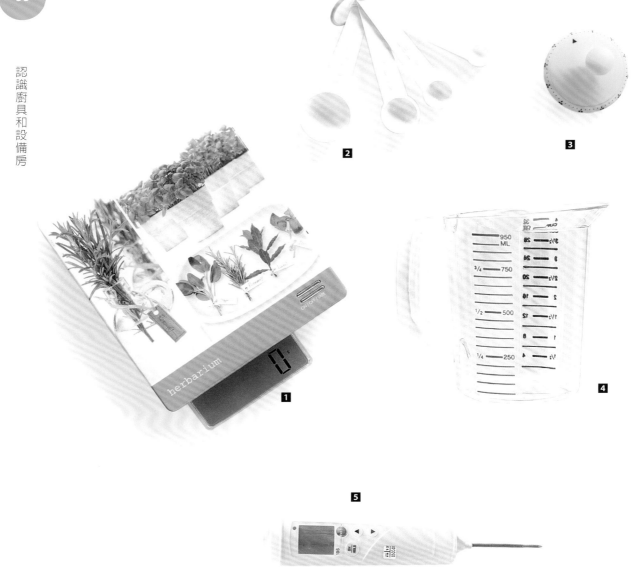

測量工具

- **計重秤**：測量食材重量，有不同類型，可根據我們要測量的食材和數量選擇購買（圖1）。

- **測量杯**：適合測量液體的容器。尺寸多樣，且材質不同（圖4）。

- **時鐘或定時器**：測量和控制各烹飪階段時間，相當實用的工具（圖3）。

- **量杯和量匙**：用於測量小容積的食材。如果我們要照著食譜上的材料指示秤量，這兩種工具是必備的（圖2）。

- **溫度計**：用於測量須用明確溫度烹飪的料理。溫度計適用於多種料理製作，像是油炸食物、糖果製作，特別是巧克力（圖5）。

刀具

做菜沒有不用刀的，刀是烹飪時不可或缺的工具，我們常常憑直覺隨意使用，但若要更精確、安全且快速地使用它們，應該要遵守一些規則。

刀的使用方式其實相當簡單，但若沒有正確使用，往往會造成一些誤失。除了刀之外，也需要準備一個砧板，平穩放置好，再將食材放在上方，用適合的刀法切割。另一個重點是，切割不同種類的食材，就得使用適合的專用刀，接下來，請看我們的介紹。

開始使用前，刀子應保持乾淨和乾燥。使用之後必須馬上清洗。最好用手清洗，避免用菜瓜布清洗磨損刀面，要使用中性清潔劑清洗，以維持鋼的自然光澤。不要將刀子長時間浸泡於水中。

如果用洗碗機清洗刀子，必須將刀子放在餐具籃下方，避免和其他餐具磨擦，清洗完成時，我們必須立刻將它們取出，用乾抹布將它們徹底擦乾。

最後，也是最重要的，要讓刀子保持尖銳。基於工作效率和安全考量，得確保刀刃鋒利。一把鋒利的刀子在切割食材可以節省很多力氣，且易於控制，而一把鈍的刀（或壞的刀）切割時則難以控制，且需要耗費很大的力氣。

刀具打磨

刀子需要保養以維持刃的鋒利，一組專業磨刀工具，以及正確的磨刀方式，都是必須的。

■ **磨刀棒**：將打磨刀盡量與刀片大角度摩擦，直到刀口變鋒利，不過這是治標不治本的方式，但至少能維持不再變鈍（圖1）。

■ **磨刀器**：刀片置於磨刀器上，會自動找到一個適合的角度摩擦，用這個方式磨刀可以刀鋒更耐用（圖2）。

■ **磨刀石**：磨刀石廣泛用於東方，使用某種特定類型的石頭磨刀，使刀子更鋒利更好切割。這是個非常有效的方式，但必須有耐性和經驗。

1

2

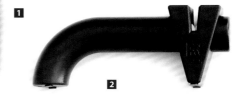

刀具種類

■ **小刀**：刀片約7公分長，刀面狹窄且尖銳。一種精密切割普遍使用的刀具。用於小部位切割、削皮、旋挖或雕刻食物造型（圖1）。

■ **主廚刀**：刀片較長，呈長三角形狀，刀口相當鋒利，刀柄穩固且稍彎曲，以平衡刀刃，容易切斷食物。適合將食物切成小塊或將蛋殼敲破。

■ **洋蔥刀**：跟三角刀相似，但刀型較小（15公分至30公分），是一種多用途用刀，適用於切割和切碎各種食材（圖2）。

■ **剔骨刀**：刀片長約12公分，薄而尖，易於切割狹窄部位，因此主要用於分割肉與骨頭、魚肉與魚刺。（圖3）。

■ **剁刀**：刀片非常寬，幾乎呈長方形，用於剁切肉塊、魚塊以及肉條（圖4）。

■ **火腿刀**：專用於切火腿，刀片長約40公分，狹窄且靈活（圖5）。

■ **麵包刀**：它的刀鋒呈鋸齒狀，適用於切斷麵包的纖維（圖6）。

■ **電動刀**：它有兩片平面或呈鋸齒狀刀片，互呈反方向移動。主要用於切割複雜或脆弱，必須小心處理的食物紋理（圖7）。

■ **乳酪刀**：種類相當多樣，主要區分的方式是用於切硬乳酪的刀子體型較大且刀片較平坦，用於切軟乳酪的刀子刀片通常有穿孔（圖8）。

■ **切片刀**：刀片細長且靈活，刀鋒平直，適用於切肉類，也適用切生魚片。

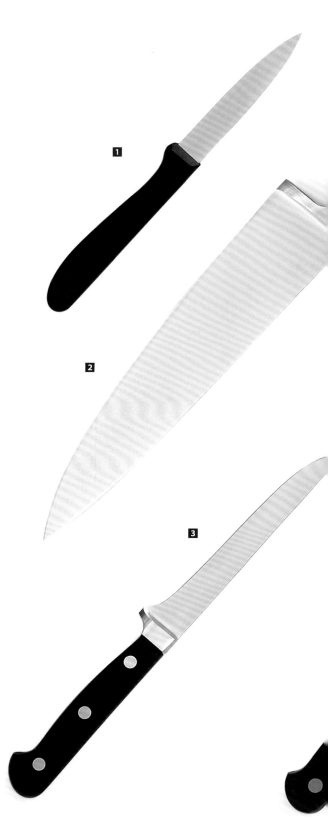

4

5

6

7

8

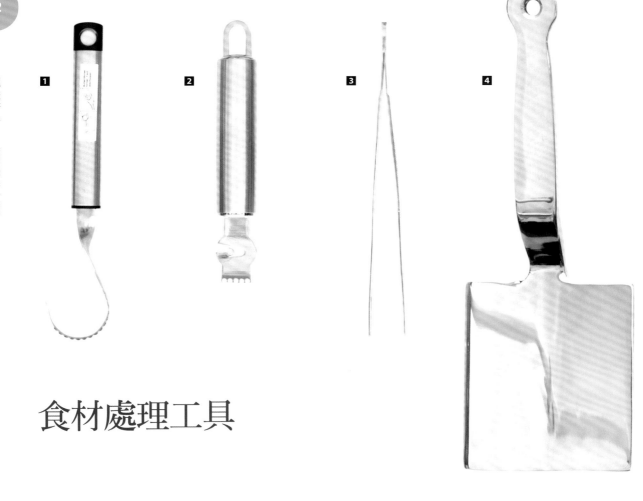

食材處理工具

在市場上有各式各樣的料理工具，包括用於修飾食物美觀的工具，使用這些工具能讓我們烹飪出時下流行料理。

除了一些基本的工具，諸如剪刀和開罐器等，烹飪時還有一些小工具，可以添增菜色的美觀，像是刨刀或挖匙，我們可以買一些這類型有趣的工具，作為日常料理用具的一部分。擁有好的工具，能讓我們製作更多具創意的日常料理，也能激勵我們製作新菜色。

工具

■ **鉤狀奶油刨刀**[3]：成鉤狀，刀片具花齒的工具，可容易地刮刨奶油（圖1）。

■ **刮皮器**：它的小刀片可以深入水果和蔬菜，在蔬果外部刨挫出帶有果皮和果肉、呈現出不同顏色對比的果皮絲（條）。經常運用於調酒，除了裝飾亦能添加風味（圖2）。

---

[3] 除了奶油，也常用於刮刨巧克力和乳酪。

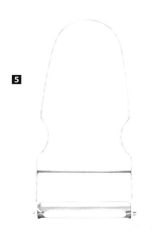

5

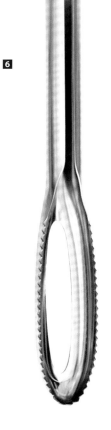

6

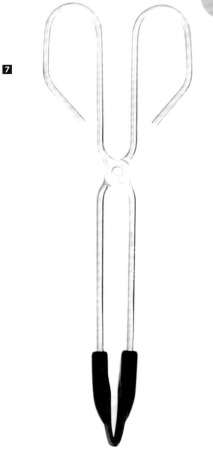

7

- **不鏽鋼鑷子**：用於協助固定擺置體積較小的食材，或是較精緻脆弱的食物（圖3）。
- **肉錘**：鋼製，重量很重，用於粉碎生肉和魚肉（圖4）。
- **削皮刀**：適用於去除蔬果的外皮，它的刀片可用於切除食材表面，但要注意避免切割過厚（圖5）。
- **肉針刀**：細長的圓柱刀，刀片內中空，可把食材（肥豬肉丁或其他香料、蔬菜等）放在中空處，塞鑲進生肉塊內。
- **綁肉針**：鋼製細長刀，用於替生禽肉塑形，將牠們的四肢連綁在一起，防止在烹飪過程中分解。

- **去籽刀**：剔除水果內的籽，像是櫻桃、橄欖等。
- **去鱗器**：其鋸齒形狀可將魚鱗去除（圖6）。
- **廚用鑷子**：矽膠製部分可用於夾取爐中和鍋中熱食，且不破壞食物表層（圖7）。
- **冰淇淋挖匙**：挖取冰淇淋球特殊挖匙。中空的握柄設計可使手的熱度傳導到挖匙上，讓冰淇淋不會黏在匙上，挖取更便利。尺寸類型多樣。
- **開殼刀**：遇到難以開啟的生蠔時，這個特殊工具就顯得必要了，它的刀片硬且鋒利。
- **水果去核器**：為一種中間鏤空的圓柱體刀片，用於去除水果的中心（從頭尾兩端到中芯）。可根據水果種類使用不同樣式的去核器。

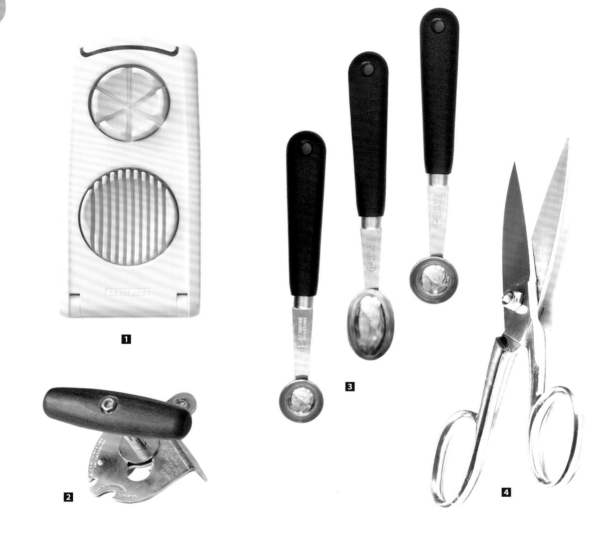

■ **水煮蛋切片器**：只要一刀就能將蛋切成相同厚度。同樣也可以用其他食材，像是草莓或蘑菇（圖1）。

■ **蛋黃蛋清分離器**：是一個簡單但很實用的工具，可保持蛋黃的完整，將蛋白和蛋黃分離。

■ **開罐器**：廚房裡基本必備工具。在市面上可看到各式各樣的開罐器，以及許多創新設計、使用不同材質製造的新型開罐器（圖2）。

■ **中空匙**：將不同的食材塑造成圓球狀，像是馬鈴薯、蘿蔔、胡蘿蔔等。將食材形狀塑造得更有趣，用於裝飾菜餚。尺寸和形狀多樣（圖3）。

■ **料理剪刀**：每一種不同類型的刀子都有其具體功用，包括像是切割魚類、切割肉類組織、切割骨頭等。料理剪刀的旋轉軸線與手柄的距離較遠，使切割時更容易施力。是烹飪必需的工具之一（圖4）。

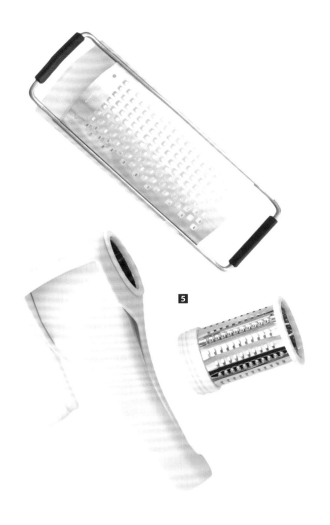

5

6

■ **菜挫刀**：可將食材刨成絲狀或剉成泥，可用於多樣食材（乳酪、水果、柑橘皮、蔬菜等）。刀片孔目尺寸大小多樣，可將食材剉成不同大小。最方便的是刨絲時十分省力，由於Microplane公司製造的刨絲器非常知名，其品牌名稱亦作為各式菜挫刀代稱（圖5）。

■ **刨片板**：可將食材切成較複雜的形狀，處理無法用單一刀片處理的食材。搭配使用不同的配件可以切割出特殊的形狀，像是網狀、波紋狀等（圖6）。

機器設備

越來越多的機器發明運用在烹飪用途。原本僅用於專業廚房的機器現在也能在家中使用，讓我們在烹飪時增添了許多驚喜。

小型的廚房家電能讓料理事半功倍，像是電動榨汁機、攪拌器、果汁機、絞肉機等機器，在日常生活中存在已久；也有近期才開始受到關注的，像是自動調溫器烹飪機。有些原本主要應用在專業廚房的機器，經改良尺寸現在也能適合家用，從碎冰機至冰淇淋機、蒸餾酒機皆可找得到家用尺寸。接下來介紹一些主要家用廚房家電。

小型設備

■ **食品攪拌機**：為一種多用途的設備，可用於攪拌或搓揉食材。包括附有攪拌盆及不附攪拌盆兩種類型（圖1）。

■ **蔬果調理機**：用於提取食材液體，特別是蔬菜和水果，刀片快速旋轉將蔬果切得極碎，並透過內部過濾器將果肉、種子以及果皮過濾（圖2）。

■ **切片機**：可依據選擇的位置，將食物切成大小均等的尺寸（圖3）。

■ **桌用磅秤**：以公斤或公克為單位秤量食物的重量。基於越來越多新的食物，像在分子料理所使用的食材重量很輕，需要其他類型小型設備的磅秤，能更精準的測量重量（見P.88圖1）。

■ **絞肉機**：通常用於切碎肉類，但也可用於灌香腸或切碎乾麵包（圖4）。

■ **油炸機**：設有油炸籃，食物放入籃中再放入裝油的容器，完成後油炸籃可直接將食物取出，濾掉多餘的油。電子式的油炸機，可設定溫度，較為安全，有的類型甚至設有計時器。

■ **燒烤機和三明治機**：頂部和底部都有加熱的設備，可用於將熱度集中烹飪、烤製食物或加熱食物，且不需要將食物翻面加熱。

■ **低溫烤箱**：烤箱內的熱能透過風扇傳送，如此能使食物更快且更均勻的烹飪完成。可控制溫度，特別是在低溫部分，溫度範圍介於50°C至120°C。可用傳統烤箱乾烘烤，也能用水氣或真空烹飪的濕烘烤。

■ **電磁爐**：以位在爐內玻璃底盤下方的銅線圈產生交流磁場所產生的熱能烹飪食物。

■ **微波爐**：應用電磁波發熱原理，可快速的烹飪或加熱食物。

■ **電子烤爐**：將食物直接放在平面或呈波浪狀的爐面上，使用一點油，是種可均勻傳遞加熱的方式。

認識廚房與設備

1

- **脫水乾燥機**：透過熱空氣，用穩定溫度慢慢將食物中的水去除（圖1）。

- **電動研磨機**：其鋒利的刀片可精細研磨食材。現在使用的人不多，因為功能太單一而且被食物調理機取代。

- **真空包裝機**：目前已有很多適用於家庭廚房的真空包裝機。真空包裝機能將保存食物的容器或袋子內的空氣完全抽離，呈現真空狀態，有助於將食物保存的更好。

- **食物調理機**：為一個多用途的設備，可將各式各樣食材切割、切碎或製作成泥狀。大部分的調理機都會附上一個可以用於切割、切碎和棒揉的圓盤。

- **食物料理機**：Thermomix和Mycook廠牌幾乎成為料理機的代稱，有各項功能（粉碎、切碎、乳化、攪拌等），可將食物加熱烹煮，並設有溫度控制計（圖2）。

- **果汁機**：用於粉碎或乳化食物，使食物的紋理更加蓬鬆。最常被用於製作果昔、奶昔（圖3）。

- **手持攪拌棒**：可拆式刀頭，可用不同的速度磨碎、乳化、混合、攪拌食物達到想要的狀態（圖4）。

- **慢磨原汁機**：運用壓磨方式而非傳統離心力，來取得食物汁液。這種方式可減緩食物氧化且保留礦物質。

- **電蒸鍋**：透過溫度、時間、壓力的控制，以蒸氣烹飪食物。

- **冰棒機**：將食物乳化並製成冰淇淋或冰棒的工具。

- **溫度探測計**：以探測棒接觸或穿刺滾燙的食物，以得知溫度。

- **電子煙燻爐**：適用於那些想要鑽研特別烹飪方式的人，透過燃燒不同的木屑煙燻少量的食物。是低溫烹飪肉類，將肉品煙燻入味的理想方式。

2　3　4

5

■ **霜淇淋機**：讓食物結凍過程中，不斷攪拌並與空氣混合攪拌，防止食物結成冰塊，完成後食物呈乳霜狀。

■ **真空低溫烹調機（舒肥機）**：應用巴士德消毒法[4]，以低溫烹飪真空包裝食物的方式，把包裝的食物放入機器中隔水加熱，水溫能控制在30℃至100℃。為一種可以精確烹飪的工具。低溫烹煮，能穩定且均勻地烹煮食物，並能保存食物的營養和味道（圖5）。

---

[4] 食物只要在65℃以上加熱30分鐘就可殺菌，不用高溫破壞食物的質地或美味。

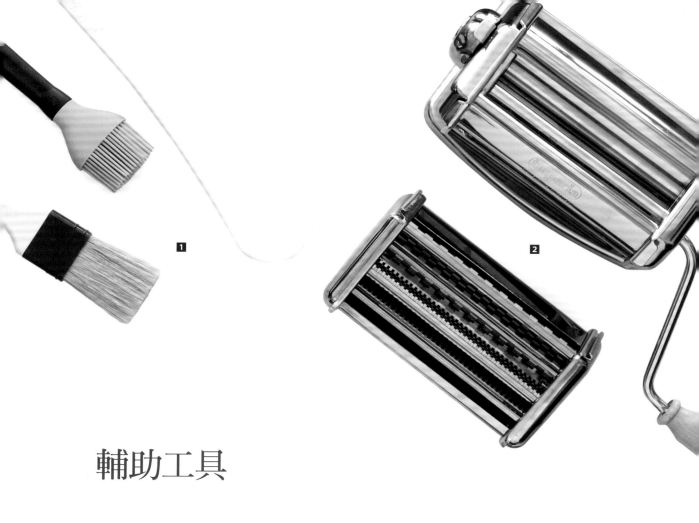

輔助工具

製作某些料理，特別是糕點時，需要使用一些特殊的工具，使我們能確認所需的材料份量，順利完成烹飪前的準備工作。

在烹飪的世界裡，工具的類型和數量是數不盡的，前面已經看過幾個可以提升準備工作、烹飪品質以及保存食物的工具，接下來，將介紹其他具特定功能的輔助工具。

不需要鼓吹購買各式工具塞滿廚房的櫃子，而是該去思考哪些是真正適用，使用了能大大幫助烹飪的工具。

輔助工具

■ **刷子**：用來在食物表面塗抹蛋液或油，讓食物上色或表皮更加的光滑。大多為塑膠製（圖1）。
■ **義大利麵機**：調整金屬桿麵棒間距，可製作出厚薄不同的麵條。除了能將麵條切細之外，亦可搭配其他配件，將麵糰切成不同形狀，像是寬麵、圓麵、餃子皮等，通常家用款式非電動而是加上手動搖桿（圖2）。

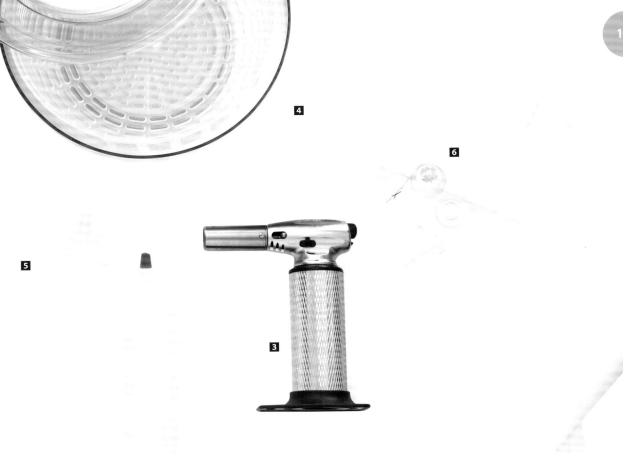

■ **瓦斯噴槍**：可以對食物表面進行燎燒，火的大小是可調整的，使用上安全且精確。常用於清理禽肉上未去除羽毛，或食物表面烤上金黃色澤，像是日本料理中的炙燒鮪魚鮪魚，它需使用瓦斯罐，可於五金店、超市或登山用品店購買（圖3）。

■ **蔬菜脫水機**：網狀塑膠容器，是一個運用離心力，能有效除去蔬菜清洗後殘留水分的工具（圖4）。

■ **醬料瓶**：圓筒狀容器，可精準地控制液態食品容量，例如油和醋（圖5）。

■ **擠花袋和花嘴**：製作糕點時經常使用，擠花袋是一種塑膠製的錐形袋子，末端處可裝不同形狀花嘴。用於塑造奶油和麵糰形狀。有些是拋棄式的，僅能使用一次，非常實用且衛生（圖6）。

■ **虹吸氣壓瓶/自動擠花器**：不需要添加其他成分或繁複的手續就能製作細緻的慕絲。過程需要高壓氣體鋼瓶加壓，容易使用。可用來製作漂亮的奶霜、冰沙和氣泡果汁。

■ **滴管**：用來裝盛少量的醬汁或油，做菜餚擺盤裝飾。為一條細管，末端設有液體儲存處。此外也有用來測量的滴管。

烹飪前置處理工作

烹飪的前置處理工作，能確保烹飪過程的順利。處理工作千式百樣，諸如清潔、切割、醃製等。

烹飪過程分為三種主要階段：烹飪前置準備或食材處理；烹飪本身，以不同的方式烹飪；保存食物，包括烹飪前食材及烹飪後菜餚之保存。一個專業的廚師不應該忽視任何一個過程，好的食材是一道料理的基底，掌握好技術能讓我們將食材最好的一面呈現出來。

食品處理

食材準備及處理是烹飪前必須的步驟。步驟包括：採購、儲存、保鮮，以及清洗和處理。最複雜的部分是處理食材，將食材適當調味或保存分別處理，包括生食處理、清洗、鹽漬或汆燙殺菌。

生食處理必須全程低溫進行。因此，在專業廚房中，食材準備過程通常在冷藏房中進行，或是能符合低溫必要條件的空間進行，好維持食材在冷鏈保鮮。

在一般家庭中，不會像專業廚房有冷藏房這樣的空間，但這並不表示我們就不必注意處理食材的地點，以及處理的方式。例如，我們要準備一道烤魚料理，首先我們應該要徹底清洗，之後去除魚鱗和摘除內臟，最後在魚身上劃幾刀後放入烤箱。這些所有的步驟，我們應該在陰涼且乾淨的環境中迅速完成。

今日大部分這些步驟我們都可以省略，因為這些食材多半在我們購買時已經是處理好的半現成品，或是可以請魚販和肉店的專業人員代為處理。儘管如此，如果能知道如何切割和處理肉品，還是有些好處，因為購買大塊的肉類或魚類價格可能較便宜，而且我們也可以依照自己的喜好或料理需求切塊。

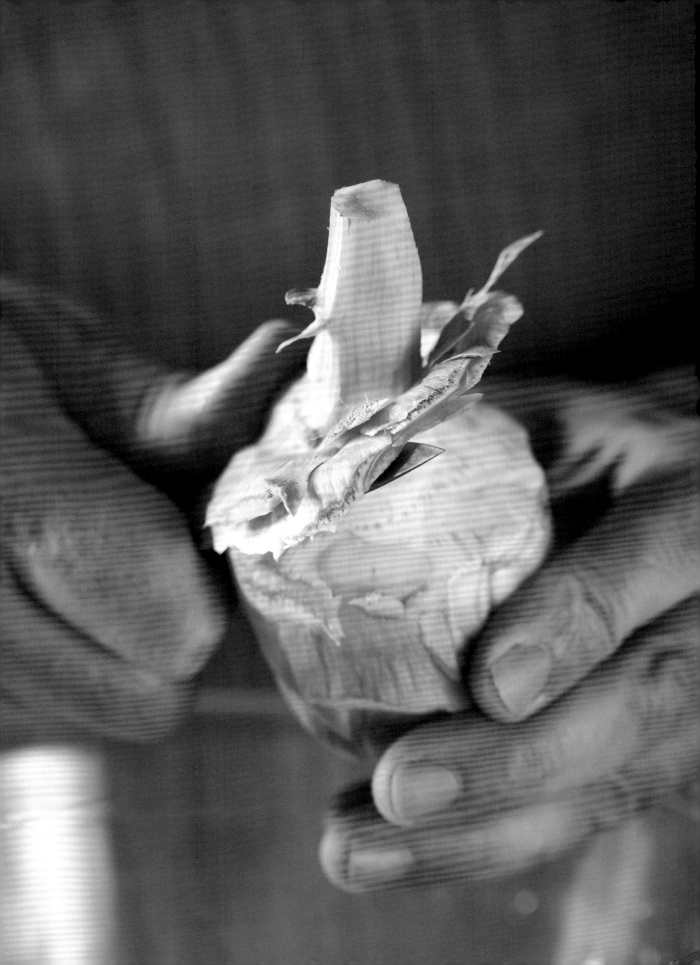

清洗食材

處理新鮮食材之前必須先清洗，依照明確步驟仔細清洗每一個食材，以確保食材在烹飪時的高品質衛生。

良好的蔬果清洗，可以確保蔬果不殘留泥土、昆蟲、除草劑，以及會傷害我們身體健康的細菌。魚類和肉類也應該清洗，並且切除不適合烹飪的部位。

清洗時，全程都應該保持高度衛生，以預防食材或廚房受到汙染。我們必須讓食材保持在適合的溫度，防止破壞冷鏈保鮮，特別像是魚類和肉類這些易腐壞的食材，讓這些食材遠離熱源，是相當重要的。

■ **衛生**：我們必須在一個乾淨整潔的料理平台處理食材，並使用乾淨且乾燥的工具。可先準備一個容器，放置不需要的部分或不乾淨的內臟；準備另一個容器，放置需要的部分，好進行後續清洗和處理備用。

■ **冷鏈保鮮**：在處理像是魚類或肉類容易腐壞的生肉，記得要保持食材的冷鏈保鮮。處理魚類或肉類一定要講求迅速，並且留意，千萬不要一次將全部的食材都從冰箱取出，只把需要的用量取出就好。

■ **清理**：食材清理完之後，我們也該清理工作的區域，以及清洗使用的工具或器具。

蔬菜和水果

蔬菜和水果的清洗，在於徹底清除殘留的泥土或灰塵。清洗時也必須將殘餘的化學農藥徹底洗淨。除了清洗之外，也應該將蔬菜依照我們要食用及不食用的部位分類。

主要處理動作

■ **清洗**：將蔬果放進冷水中靜置幾分鐘後，再用清水徹底沖洗，之後放入有濾篩的容器滴水晾乾（圖1）。

■ **削皮或去殼**：去除蔬果中我們不需要的部位（葉梗和果核），以及削皮，通常會使用削皮刀，或

小刀（圖2）。蔬菜方面，像是甜菜根或連皮一起煮的馬鈴薯，在烹煮完成後才削皮，此外也有一些不需要去皮的蔬菜，諸如櫛瓜和某些嫩胡蘿蔔。

■ **去皮**：主要用於削除柑橘類水果的果皮，且可維持好看的外觀。使用一把鋒利的刀，將整個水果外皮及白色的內膜削去，甚至連包覆果肉的纖維也去除，好利於後續保持果肉一瓣瓣完整美觀（P.109圖3）。

■ **去絲**：某些蔬菜莖梗有長絲，例如茖蓬菜或芹菜，可能會影響食用口感，因此必須將它們清除。

3

易氧化的蔬菜

許多蔬菜和水果,諸如朝鮮薊、蘋果等,去皮之後很快會變黑。這是因為它們所含的酵素接觸空氣後形成氧化反應。為了避免這個情況發生,我們可以將蔬果浸泡在加有檸檬、醋或香芹的冷水中,這些材料因為含有檸檬酸是天然的抗氧化劑。若是使用真空低溫料理(舒肥法),直接將削好的蔬果真空包裝後加熱,就可省去這個步驟。或是將蔬果放入滾水汆燙,起鍋後馬上加一點油,也能防止蔬果氧化,並且避免吸附到其他的味道。

朝鮮薊清洗方式

1 摘除外部纖維化的苞葉,直到第三層苞葉(較軟嫩的部分)。刀子應與菜心平行,盡量不要切到肉質部分。

2 將花苞下部的莖部切短,並將莖去皮到苞葉底部,直到內部翠綠的部分。

3 將朝鮮薊中間的絨毛纖維部分挖除。

4 將朝鮮薊放入水中,並加入香芹防止氧化。

菇類

菇類的味道保存在其表層部位,所以清洗時應該小心。

主要處理步驟

1 切除菇腳:將沾有最多泥土的菇腳切除。如果蒂梗的其他部位也沾到泥土,則輕輕將其刮除,如果是蒂梗帶有苦味的菇類,像是紅衣主教菇,可以將它表面的地方削去。像是蘑菇類放久一點會變黑,在這種情況下,我們也能輕輕削除變黑的部分。

2 清洗:通常要使用溼布擦拭菇類的頭部,輕輕拍打,讓殘留的泥土掉落。如果還是無法清理乾淨,可以將菇類浸入冷水中清洗,並馬上擦乾。

1

魚類清洗

清洗魚類食材不總是容易，困難程度往往取決於魚的品種。因此最好在購買時便請魚販幫忙清洗。儘管如此，了解如何處理不同品種的魚，對我們來說還是有幫助的，可以讓我們更了解不同魚種的特色。

魚類是一種極難保存的食材，購買後應盡可能立即處理，防止它離開低溫環境而失去鮮度。因此，必須選擇遠離溫度較高的廚房區域處理。準備一個乾淨並靠近流理台的平面區域，並準備一個放置清理後垃圾的容器。最後確認所需工具是否已備好，包括一個固定的工作台、適用的刀子、剪刀，以及去鱗器。

清洗步驟

- **去魚鰭和魚鰓**：用剪刀輔助去除魚鰭和魚鰓（圖3）。

- **去鱗片**：使用小刀或去鱗器來去除鱗片，去鱗方向要和鱗片生長方向相反，也就是從尾部朝頭部方向將鱗片刮除。為了防止魚鱗噴到我們的身體或食物，我們可以將魚放到一個塑膠袋中，將手伸到袋內去鱗片（圖1）。

- **去內臟**：去除魚的內臟，包括腸子、肝臟和魚卵。可以在魚腹做一個小切口，清除內臟。

- **清洗**：將魚放在水流下，清洗殘留的魚鱗和內臟。清洗速度必須要快，因為過量的水會破壞魚的品質，影響新鮮度。

■ **去皮**：某些魚種沒有魚鱗，像是鰻魚或鮟鱇魚，但有一層厚皮，也必須去除。為了更容易去除鰻魚的灰色魚皮，我們可以在尾部切出一切口，快速在魚皮部分用熱水汆燙，之後就能較容易將魚皮去除，注意時間不能過久，避免魚肉部分也熟了。至於鮟鱇魚，可以直接將魚皮剝下，因為這類魚皮含有很多膠質，所以可以把魚皮保留，後續用來製作肉湯或基底高湯，像是海鮮燉飯的醬汁，或用於燉鷹嘴豆或馬鈴薯（圖4）。

■ **去魚刺**：要順著魚刺的生長方向去除魚刺，這一點相當重要，因為如果用反方向去魚刺，很有可能會破壞魚肉。最好使用鑷子處理（圖2）。某些魚種，像是鰻魚，牠的刺環繞在魚肉外圍，可以用剪刀去除。

肉類前置處理工作

我們平時能在超市或市場買到已經處理好的肉品，儘管如此，還是可以學習幾個常使用的處理方式，讓我們可以更容易地自己在家中處理。

主要處理動作

- **表面燎烤或微火烤**：通常，雞腿或其他禽類的爪，以及豬肉的某些部位，都會使用燒烤處理，去除殘餘的羽毛或毛髮。在家中將肉的表面微火燎烤時，傳統上是直接放於爐火上烤，但現在有一種較實用的工具，像是瓦斯噴槍，安全且易於使用（圖1）。

- **去骨**：我們必須使用一把適合的剔骨刀，以及一個砧板。開始去骨時，我們必須找出跟肉與骨的接觸部位，觀察紋理，去除骨頭留下肉。若是未去骨即先烹煮的情況，只須等待冷卻之後，就能輕鬆將骨肉分離（圖2）。

- **切除不要的部位**：這個步驟在於去除不需要的部分，或是不想要的部位，像是肌腱、牛脊背肉脂肪、羊肉的骨頭或禽類的皮膚（圖3）。

- **去除內臟或挖空**：清理過程中的一部分，通常指處理禽類的內臟，包括肝臟、心臟和胃。另外脖子和頭等部位則可以保留著，這些部位傳統上被運用於製作小菜或燉菜，富含豐富膠質。

3

各種食物的刀工切法

在處理食材時,我們可能會很隨意、很直覺性的刀切。然而,不同的食材或因應不同菜色料理,都需要使用不同的刀工切法。

刀工,簡言之,是要將食物分割處理,好準備下個階段的烹煮,刀工切法是料理路上的基礎必備能力,因為在任何料理都是經常使用的,經常使用不代表能輕率,還需要時時回頭檢視刀法。如能在食材初步處理階段得當,意味著緊接的烹調階段將更有效率、更快速,也更安全。

任何料理之前都必須經過整理、初步處理食材階段,因此首先要養成保持各項烹調器具以及廚房空間乾淨乾燥的好習慣,再來依據食材選擇刀子、依據你的烹調藍圖選擇刀工,過程中要確保刀子是鋒利的,砧板平穩的放置好,每一項都不馬虎,才能開始後續的烹調重頭戲。

刀工作業程序

■ **排序**:將工具和需要切割的食材依適合的順序排列好,將要處理的食材放於左側,切好的菜則往右側擺。這樣能避免將尚未處理過的食材和已切割好的食材混在一起。

■ **使用適合刀具**:首先,使用適合的鋒利刀具,切除所有不需要的部位。之後再換另一個刀具執行其他工作,諸如去除內臟或削皮等。

■ **採用適合的刀工切法**:除了適合的刀具之外,每一種食材適合採用的刀工也各有不同,為了要讓切割安全地執行,握好刀柄,固定食材,是相當重要的。

■ **殘渣回收**:拿一個容器集中放置切下來要丟棄的殘渣。無論是處理蔬果、肉類或魚類,剩下的殘渣都應該集中丟到容器,不要放在工作台上,以免弄髒工作台。切好和去好皮的食材,應該放進另一個乾淨的容器保存。

1

蔬菜的切法

了解不同切法的特性和功用是料理的基本功，刀工切法相當多樣，這些方式取決於你想要做出什麼樣的菜色。每種刀工切法都是有意義的，也都跟後續的烹飪方式有關，炒有炒的切法，蒸也有蒸的切法，每一種烹飪方式，都需要採用相應的切法方式。不只是單純地把蔬果切分，更是為了料理可以呈現出多樣的風貌。

刀具和砧板是最基本的工具。小刀、削皮刀、洋蔥刀和其他刀面較廣的刀，都可協助我們讓切割更加快速。然而有些時候，還必須借助其他類型的工具，像是刨片板、刨絲刀或挖匙等。

基本步驟

■ **概切成幾大塊**：首先，將要切的食材擦乾，防止打滑，隨後將它放置於砧板上，切成幾大段，手好控制的大小即可（P.118圖1）。

■ **切出一個平面當底**：將切塊的食材找個角度，切出一個平坦可當作底部的面、平貼砧板確認不會滑動，再繼續之後的切菜動作（P.119圖2）。

■ **切成片狀**：取食物較長的面切成片狀，若是無法掌握刀子，可能用刨片板代勞，可快速刨成每片厚度相同的切片（P.119圖3）。

■ **切成粗條**：將切成片狀的食材繼續切成條狀或其他形狀（P.119圖4）。

■ **切塊**：將粗條切成不同厚度的丁狀（P.119圖5）。
這些切法有不同的名稱，會在下面的幾頁介紹。

蔬菜的切法

2

3

4

5

常用的蔬菜切法

■ **片狀**：根據用途垂直或水平變換厚度切片。可使用刀具切片，但使用刨片板或切片機器是較理想的方式（圖1）。

■ **細條狀**：長薄切割，長度取決於切割食材的長短。是非常實用的烹飪前食材基本準備方式，適用於準備馬鈴薯蛋餅或是炒菜時需使用的蔬菜。特別是在炒菜的情況，烹飪動作需敏捷，建議將食材切細，使其更快煮熟（圖2）。

■ **麵條狀**：將蔬菜切成像麵條般的細絲狀。這種切法很難使用一般刀具做到，多半還是需要刨絲板。用這類切法來處理蔬菜，可增添我們菜餚的新鮮感和色彩（圖6）。

■ **細丁**：切成厚度介於1至3毫米的方塊。經常用於製作調味醬汁的材料，調味菜餚或做為菜餚基底的蔬菜醬汁（圖4）。

■ **中丁**：比細丁切塊大，且形狀不規則。用於製作沙拉（圖5）。

■ **粗丁塊**：厚度不同的丁塊。切片大小取決於我們準備的菜餚，但通常大小介於2至3公分。這個方式通常會搭配其他食材一起切割（製作肉湯的其他蔬菜）（圖3）。

■ **番茄切丁**：這種切割方式只適用於番茄，首先先將番茄川燙後去皮，挖空中間漿液和籽部分，之後將果肉切成約1公分厚度的丁塊（圖7）。

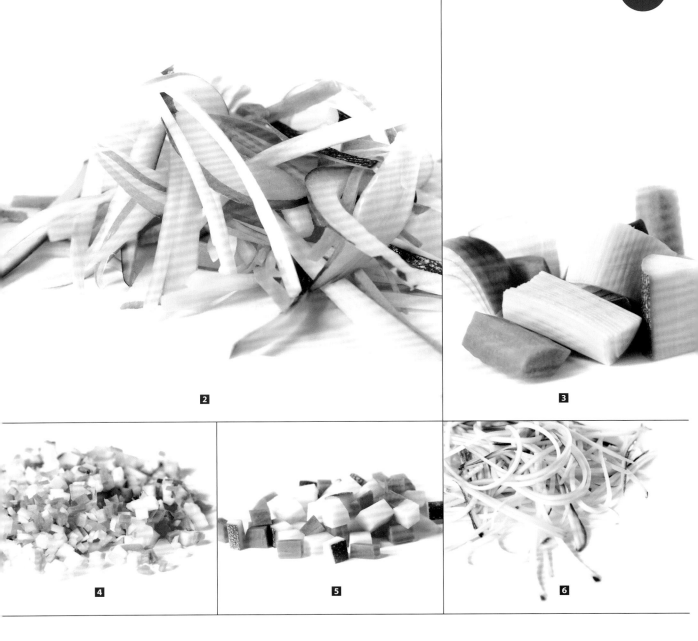

2

3

4

5

6

7

■ **切瓣**：切瓣：切出類似柑橘類水果的果肉分瓣形狀，即使非柑橘類水果也可運用此切法（圖1）。

■ **蔬果切雕**：使用刮皮器在蔬果外部刨挫出果皮絲（條），通常用於柑橘類（P.123圖2）。

■ **磨挫**：將蔬菜或其他食材用菜挫刀挫成絲或磨成泥末。可控制不同厚度和形狀，通常用於準備醬汁或調味醬，依照製作的料理，可將各式各樣的食材磨碎（不僅只有蔬菜，也可以磨碎乳酪、山葵、肉荳蔻和其他食材）（圖3）。

■ **挖除**：這種切法通常用於朝鮮薊。清洗之後，自中心挖除絨毛纖維，只留下周圍肉質部分（圖4）。

■ **切成四分之一**：對半切完再對半切成四等分，用於切割蔬菜和菇類。較常用於切磨菇（圖5）。

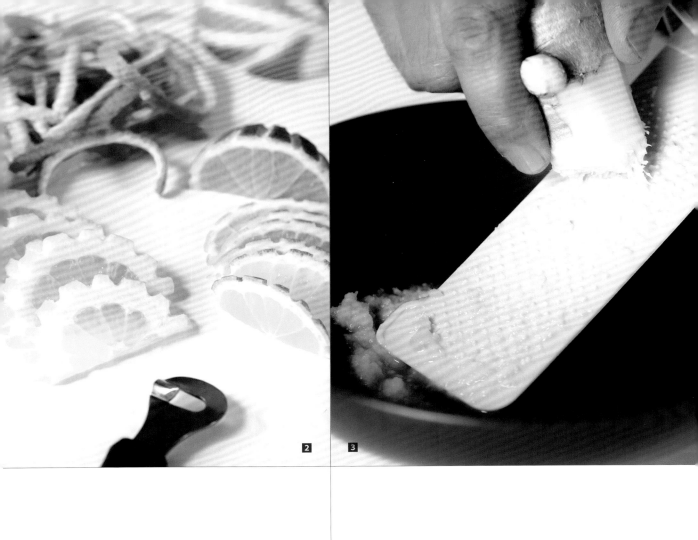

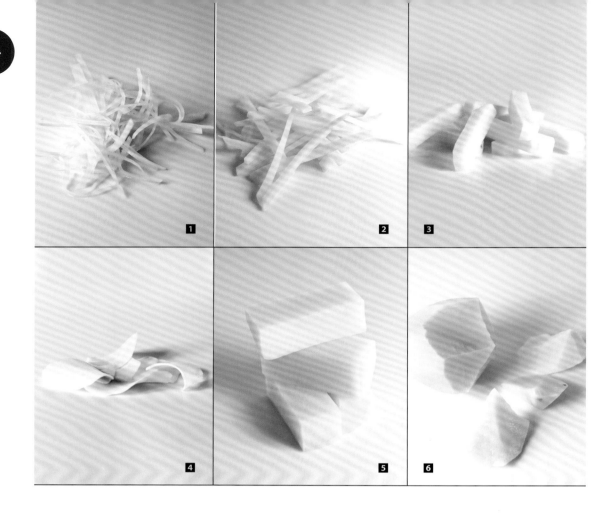

馬鈴薯切法

除了切法之外，馬鈴薯的一些特性必須先提一下，馬鈴薯很容易氧化，因此我們應該在削完皮之後放入水中保存，直到要將其切割時再拿起。

基本切法

■ **絲狀**：先將馬鈴薯切成薄片後，再細工切成絲狀（圖1）。

■ **條狀**：先將馬鈴薯切成粗條，再切成像火柴棒大小的絲狀（圖2）。

■ **西班牙式**：將馬鈴薯切成平均厚度的條狀（圖3）。

■ **洋芋片式**：用刨片刀將馬鈴薯切成薄片（圖4）。

■ **立方塊狀**：將馬鈴薯切成很厚的長方形條塊狀。這個厚度的馬鈴薯在烹飪料理前需預煮。通常會放入油鍋以中火煮熟，以便下一個油炸步驟（圖5）。

■ **不規則塊狀**：嚴格來講這並不算是「切」馬鈴薯，而是用刀先在馬鈴薯上割出個豁口，再以刀面為輔助，出力掰下一不規則塊狀。這種切法，馬鈴薯的澱粉較容易脫落，烹飪的速度更快。這類型的切割通常用於燉菜，或用本身的澱粉製作醬汁，因此不需要增加其他有助於勾芡的添加劑（圖6）。

旋削技巧

以小刀或挖匙的旋削刀工是用於蔬雕果雕。這技巧常用於馬鈴薯，根據料理的需求製作配菜或裝飾，以求呈現不同的樣貌；胡蘿蔔和櫛瓜也適用此切法。

使用刀子慢慢地削割並形塑食材。握緊果菜的一端，更易於削切整個表面，將食材慢慢削成橄欖形（梭形）。削割完成後，通常會直接水煮或用黃油翻炒。

不只是橄欖形，馬鈴薯或其他食材也可旋削成其他有趣的形狀，像是一瓣大蒜的形狀。使用挖空匙（挖孔器）可讓蔬果雕塑更容易，可旋削出不同大小，像是蓁果、圓球、橄欖等其他形狀。

旋削步驟

1 為了使旋削更容易，首先將馬鈴薯（或其他蔬菜和水果）切成方塊，正方體或長方體會比較容易進行削割。

2 先從馬鈴薯方體某一端點開始，由端點往中心旋削慢慢塑出弧形。

3 重複這個動作，從馬鈴薯塊的八個端點出發，往中心削出一樣的弧度，注意旋削時從每一面看，皆需維持相同的弧度。

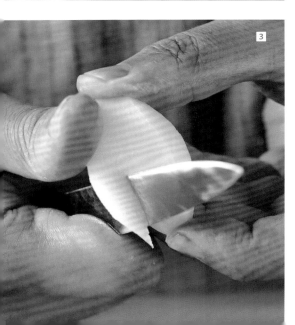

魚類切分方式

魚類的切割方式相當多樣，且每種切割方式都有自己的名稱。跟切割蔬菜和肉類的情況相同，每種切割有它適用的烹飪方式。有時也需要依照每種魚的類型進行切割，肉質豐腴的魚（例如鮟鱇魚和鱈魚）跟切割魚刺較多的魚（例如聖貝德羅魚或體型較小的紅鯔魚、沙丁魚）的方式不同。以下將魚類切法區分為「無刺魚」和「帶刺魚」兩種技法。

無刺魚切分法

- **魚片**：輪切圓片：刀片和魚身方向垂直，以輪切方式切分，魚片切面會呈輪狀。可連同魚皮和魚脊切割成不同厚度。此種切割法經常用於切割鱈魚、鮭魚和鮟鱇魚（圖3）。
- **大圓片**：這個字源自於法文「darné」，意同輪切圓片，但特別指魚身中段肚圍最寬部分所切割下來的圓片。
- **厚塊圓片**：切成較厚的圓片（圖4）。

帶刺魚切分法

- **背脊排**：將鱈魚或鮭魚背脊處兩塊魚肉排切分出來。大塊背脊排還可切分成更小部分的魚塊（圖5）。

- **夾心魚片、魚捲**：將魚肉連同其他食材做成魚片捲心，通常會捲蝦或其他海鮮（P.127圖2）。
- **魚排**：從魚的中間部位切割下的魚肉。通常用在體型較大的魚種，像是鮟鱇魚或鱈魚（圖6）。魚片：通常運用於扁魚類切分，比方說鰨魚或鰈魚，必須去除魚刺（P.126圖1）。
- **去骨魚排**：跟魚排相似，從背脊肉取得，可以帶皮或去皮。通常運用於切分胸圍較大的魚種，像是牙鱈、大西洋鱈、鮪魚等。
- **切成小塊或骰子狀**：此種切割方式通常用於醃製魚類或燉菜，像是鮪魚（馬鈴薯燉魚）、旗魚和鯖魚（醃製）。

大西洋鱈

生長在寒冷海域的大西洋鱈，雖然現在都能在市場買到新鮮的魚肉，但在西班牙傳統中，通常以乾燥鹽漬的方式來保存處理。鹽漬鱈魚和少數的鹽漬鮪魚，是好幾個世紀以來內陸地區食用的食品，在沒有冰箱和冰櫃的時代，以此方式保存具營養價值的魚蛋白。這個偉大的傳統保存方式仍沿用至今，完善保存鱈魚肉質的美味。

鹽乾鱈魚可分為整條出售或一塊塊出售，每個部位都有其特定名稱，且肉質美味程度不同。

大西洋鱈切法

■ **魚肚**：這部位雖然很少，但美味鮮甜（圖1）。
脊椎肉：鱈魚脊椎兩側的魚肉，通常是鱈魚最珍貴的部分，這部分魚肉份量很多。切分大小和形狀、去除魚刺與否則依據料理需求。（圖2和圖5）。
■ **尾部**：有很多刺，雖然在飲食角度上稱不上美食，但極具營養價值，因為它富含豐富的明膠，相當適合用於製作鱈魚魚漿沙拉（圖3）。
■ **弄碎**：不算是一種切法，而是將魚肉用手撕、捏碎。這些魚肉渣子可加入米飯料理或蛋餅，成為一道嶄新的菜色，或是製作成沙拉可以直接生食（圖4）。

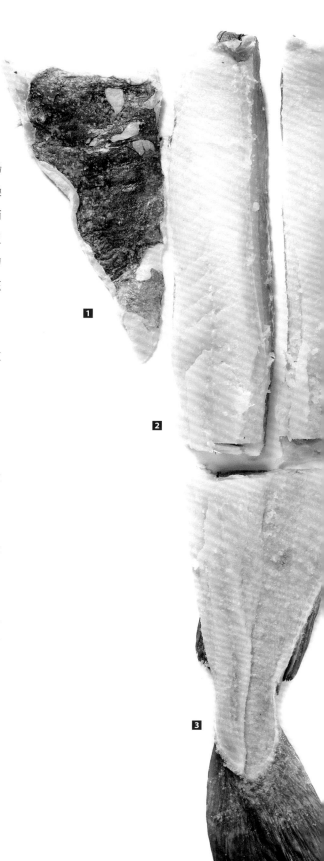

帶殼海鮮烹前處理方式

海鮮類是個大家族，牠們的形狀和大小尺寸皆相當多樣。因此，清洗和處理大螯龍蝦、小蝦、大海蟹、蜘蛛蟹、鬼爪螺的方式皆不相同。例如處理小蝦，首先必須在低溫的環境中去殼。而外殼尺寸較大的海鮮，像是大螯龍蝦或龍蝦，如果想在保持肉身完整情況下去殼，必須先將牠們煮熟。

帶殼海鮮類的身體可以分為頭部、胸部和腹部等三個部位，大部分胸部都跟頭部黏在一起，形成一整個頭胸部。另外有一對觸角和五對附肢，最前面的一對附肢是有力的螯足。我們在清洗和處理時應小心，避免被夾傷。

大螯龍蝦和龍蝦的肉質鮮美，為了方便食用，料理前可以將牠們去殼。下面將介紹去殼的處理方式。

龍蝦去殼步驟

1 將大螯龍蝦放入沸騰的水中燙熟，之後放入加有冰塊的水中冷卻。

2 將頭胸部和腹部分離。

3 使用剪刀剪開腹部殼較軟的部分，以便將內部蝦肉取出。

4 使用刀子在兩隻螯上各敲一刀，以便將螯肉和殼分離。

5 將附肢內的蝦肉取出。

6 螯的上部也同樣使用剪刀往身體剪開，取得內部的蝦肉。

切割肉類

通常我們不論是要剁、割、削、碎、絞肉品，都統一用「切」這個不太精確的動詞，但如果想挑選最適合食譜的肉塊，就必須要跟肉販說出確切的肉品部位和明確的切分需求。接下來，將介紹幾種最普遍的肉類切割方式，這些經常使用在牛肉、豬肉、羊肉的切割。

主要切割類型

■ **切成小塊或骰子狀**：將肉切成不同大小的立方體，這種切法通常以燉煮方式烹飪。

■ **牛腿圓片**：將肉切成圓片。典型用於切割牛小腿的方式，以跟骨頭垂直的橫切牛腿（圖2）。

■ **背脊圓片**：與圓片相似，切割的部位通常是牛或豬的背脊部位，背脊肉切下成圓柱體，將柱體切分橫切面成圓形。

■ **去骨肉排**：切面與肌肉紋理走向垂直將肉塊切分，這樣的切法能讓食用者食用或嚼食比較方便。肉排依料理需求，切分不同厚度，厚到薄依序為：厚切排（重量約100至150克，通常用於火烤或煎煮）；肉排（重量約100克，通常會裹麵包屑油炸）；薄肉片（重量約50克，通常用於快速蒸煮或翻炒，若肉質較硬，就以燉煮的方式烹飪，例如煙燻肉）。如果我們想吃較厚且不完全煮熟的肉排，我們可以挑選下里脊或背脊肉。

■ **老饕肉排**：連同骨頭一起切割的肉塊，包括豬肉、牛肉和羊肉。以牛來說，是指位在背脊頂端的「肋眼上蓋肉」，重量約在200克至1公斤（圖1）。

■ **肋眼排**：這個名稱源自於法文，原指的是位在肋骨之間的肉，現在它已失去其特殊性，常跟老饕肉排混淆，兩者皆是取自牛的背脊部位，後者不帶骨且位於老饕肉排下方，通常切割的重量約在150至500克。

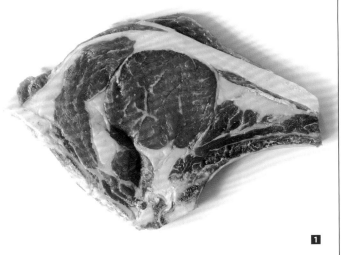

1 　 2

3 　　　　　 4 　　　　　　 5

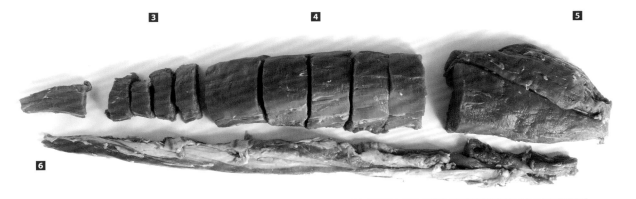

6

後腰脊肉（沙朗）細分

後腰脊肉為位於肋骨底部牛臀間。這個部位是整
隻動物最精華的部位之一，因為它結合味道、質
地和型態。背脊肉可以整塊烹飪，或依照下列
的需求切塊，通常以燒烤方式烹飪，或做成牛腰
肉、牛排、脊肉片、牛臀肉或里脊肉。

■ **腰內肉（夏多布里昂牛排）**：從後腰脊肉最上
端，同樣也被稱為「背脊頭肉」，這部位肉的份
量最少可準備兩人份料理。腰內肉通常是整塊放
入烤箱或烤爐燒烤，並且能夠直接在食客面前即
時切割（圖5）。

■ **後腰里脊和後腿股肉**：後腰脊肉中間部位切
割下來的肉片，重量約150至200克，是最精華
的部位，需在切割完後馬上烹飪。可用鐵板煎
煮或用燒烤的方式烹飪，也可直接放入烤箱，
均勻受熱幾分鐘就可食用。後腿股肉同樣也是
位後腰里脊中間部位，重量約100至200克，通
常用豬肥油包覆中使其更多汁（圖4）。

■ **菲力牛排**：後腰脊肉最下方切割下的肉，因
此肉塊的尺寸較小，但相當嫩。應使用快煮的
方式烹飪（圖3）。

■ **牛五花、牛腩（腰腹肉）**：油脂較豐富的肉
塊，通常用於製作漢堡和牛排（圖6）。

羊肉主要切分部位

- **腿**：後腿可以整隻直接烹飪，也可去骨後要切成肉排。

- **羊肩胛**：位於羊的前腿部位，比後腿部位小，肉質細嫩多汁。

- **臀部**：不同區域的居民，對臀部的定義會有些不同，通常整個臀部，是指肋骨跟腿部連接部位之間，也就是指腰部以下。

- **側腰肉**：這個部位包括指自肋骨到2條後腿連接臀部的區塊，或是可以說臀部以及整個肋骨。

- **腰部排骨**：背脊下部區域的排骨，到後腿臀部為止。雖然肉的尺寸很小，但肉質很嫩。

- **羊棒骨**：最適合用火炭烤的部位之一，因為它覆蓋著脂肪的肉質相當美味，同樣也可以連同骨頭一起烹飪。

- **肋骨羊排**：從上部肋骨區域取得，帶骨，不含脂肪，位在羊肩下方，因此在切割時已去皮。一樣也相當美味，但帶有較多的筋。

- **帶髓羊排**：從背脊輪切下的羊排肉，最理想的烹飪方式為油炸或燒烤。

- **皇冠羊排**：外觀像是皇冠而得其名，其實是將整塊羊肋骨加工，切去肋骨和肋骨間的肉，只留下靠脊椎部分的肉。這方式也運用在兔肉。

切割禽類

在家裡斬雞比您想像的還容易。可切分各個部位做成各種菜餚。必須注意白肉不能生吃,所以為了安全起見,將肉切分,有利於使內部可受熱達最低殺菌溫度65℃。

■ **去骨雞胸**:去骨雞胸肉,可帶皮或去皮。整塊烹飪,需較長的烹飪時間。通常會複合使用油煎或燒烤方式料理,再放入烤箱烤幾分鐘或用醬汁燉煮。

■ **雞腿**:腿部通常都會帶骨烹煮,保持雞腿形狀比較美觀,亦可利用這個特點設想擺盤裝飾。通常可用烤箱烹飪,或搭配醬料烹飪。

■ **雞排**:無骨去皮雞胸肉薄切成排狀。通常裹麵包粉後油炸,也可用鐵板以大火迅速煎燒,因為薄切後可容易受熱。同樣也可以使用一些醬汁花較長時間燉煮。

■ **切解**:將雞胸肉和雞腿分離,剩下的雞胸腔部分對切成四塊。也可再將這四塊雞肉各切成一半為八分,為熬煮時的實用切割方式(圖1)。

■ **翅膀**:先將翅膀頂端切除,這個地方幾乎沒有肉,剩下的翅膀可分成兩個部位,第一和第二節翅;第二節翅由兩根骨頭組成,這部位肉質相當軟嫩,可用快煮方式烹飪,第一節翅也就是翅小腿,翅中央骨和大腿骨相似,翅膀連接雞身的肉,口感不是那麼好,需要用較長的時間烹飪。

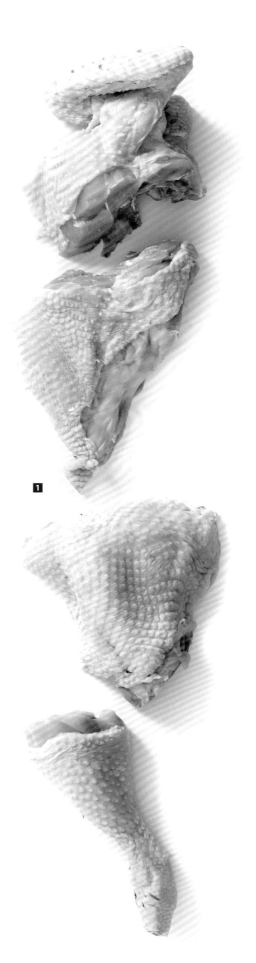

1

水的運用

用水浸泡、去鹽、去血,為烹飪前清理豆類、肉類和魚類等食材,使食材從保存狀態改變至可烹飪狀態。

某些食材在處理或烹飪前,需預先使用水處理。例如乾豆類,在烹飪前先將浸泡在水中幾個小時,使之變軟;或者將鹽漬鱈魚浸泡於水中去鹽稀釋,過程中需多換幾次水,淡化其鹽度。這些情況都相當簡單,水就像是食材的轉化劑,可將食改變至另一種狀態,以利料理的烹飪。

此外,清洗食材上殘留的血漬和血腥味也需要用到水,例如清洗豬蹄和沙丁魚。在這個情況下,水就像是一種清潔劑。

1 2

用水浸泡食材

用水浸泡食材的步驟雖簡單，卻是不可或缺的。浸泡，就是把乾燥的食材放入水中，讓它恢復流失的水分。食材須放入一個大型容器中，根據食材特點，依照所需時間來浸泡。有時只需浸泡幾分鐘，有時候則需浸泡8至12小時，甚至有的需浸泡幾天，像是鹽漬鱈魚。

浸泡完成的食材有些可直接食用，有些則還需要烹飪。接下來，將介紹幾種需要浸泡處理的食材。

必須用水浸泡的食材

■ **乾豆類（鷹嘴豆、扁豆、白豆）**：豆類用水浸泡之後，可以使它們更容易烹飪。每一種豆類都有明確的浸泡時間。鷹嘴豆需要浸泡12小時，而扁豆較嫩且較小，只需浸泡2小時。某些果實，像是栗子，如果要將它當作配料，同樣也需要用這種方式浸泡12小時（圖1和圖2）。

■ **吉利丁片（明膠）**：為使吉利丁片能完全融化，溶解成液態，首先我們必須將它浸泡在水中。不需要等待太長的時間，當我們發現它變柔軟且呈透明狀時即可。如果我們發現水容量體積增多時，則表示吉利丁片已融化。

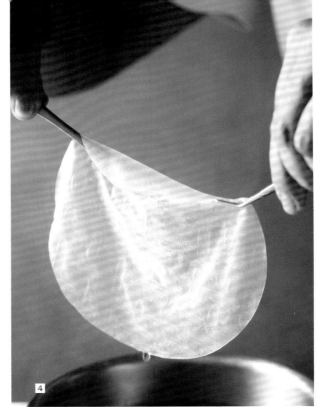

■ **米紙（越南春捲皮）**：亞洲料理經常看見，用來包料的餡皮，製作時，將米紙浸濕，直到變成透明狀，但不要超過5秒，才不會太軟不好使用（圖3至圖5）。

■ **菇類**：在非菇類產季時，如果想要用菇類來料理，可以浸泡乾燥脫水菇類，恢復其水分。它們是方便利用的食材，烹飪前，將它們浸泡在水中30分鐘至2小時，就可恢復原本肉質飽滿的狀態。燉煮的米飯或麵食時，可以加入浸泡過的香菇水，或菇類製成的調味粉來提味，飯麵就會帶有香菇的香氣。

1

■ **北非小米（又稱古斯米）**：在市面上可以買到各式各樣預煮北非小米，只需要加入等量的水浸泡一會之後就可以食用。可加入熱水或各種高湯（圖1）。

■ **蔬菜乾**：像是辣椒乾或番茄乾，在製作沙拉或烹飪前需先用水浸泡。在溫水中浸泡30分鐘至1小時，以利將辣椒的果肉取出，或使番茄恢復其水分。例如製作「羅米斯科醬」時，需使用已恢復飽滿水分的辣椒果肉。另外像醬料常使用到的洋蔥乾也需浸泡恢復其水分。

去掉鹽分

幾世紀以來，食物唯一的保存防腐劑就是鹽。直到今天，將鹽醃製的食材去鹽，是烹前處理必須具備的技術。去鹽，指的是將鹽漬食材浸泡於水中起水合作用，好去除食材內部因鹽醃過程中殘留的大量鹽分。鹽醃過的肉類食品口感乾柴、易碎且鹹得不得了，如果不這麼做實在讓人無法下嚥。鹽醃鱈魚和其他魚類，為最常使用去鹽方式處理的食材，可以自己在家處理，也可以在魚攤或超市購買現成處理好的。

醃漬鯷魚同樣也需要放入水中浸泡幾分鐘。除去除鹽分之外，也較容易去刺，肉質更多汁。

鹽漬鱈魚去鹽步驟

■ 將鹽漬鱈魚放入裝有大量清水的容器中（圖2）。

■ 每天更換清水，直到鱈魚的鹹度達到所希望的鹹度。根據鱈魚切塊的大小和部位不同，所需浸泡的時間不同。

■ 最後將浸泡的水倒掉撈出鱈魚塊即完成。去鹽之後鱈魚可放於冰箱保存2至3天。

去血漬

去除殘留在肉類和魚類食材上的血漬，最好的方式是浸泡在水中。去除血漬的方式很簡單，只要一些小技巧，就能徹底清除食材（如沙丁魚或豬蹄）殘留的血漬和難聞的氣味，將它們浸泡在冷水中一段時間（沙丁魚須浸泡10分鐘；豬蹄須浸泡2小時，但浸泡時間須根據其尺寸大小）（圖3）。水中加入冰塊，可以減緩細菌繁殖。這處理方式和熱水汆燙的作用是一樣的，都屬烹飪前食材清洗步驟。

在某些情況下，也可使用鹽滷，這個方式將在下幾頁介紹，通常運用於肉類和魚類。

用鹽處理食材

鹽，歷史上最重要的貿易物品，是保存食材必須使用的必需品。直到今日，用鹽仍是烹飪的基礎。

烹飪過程經常需要加鹽調味。因此，第一個要舉的例子是用鹽處理食材，知道如何鹽醃食材。

此外，鹽也普遍被運用於清洗酸度較高的蔬菜，像是南瓜和茄子。事實上，有些蔬菜在煮熟之後味道可能會較嗆，如果烹飪前將它們切割後放入鹽水中浸泡，就可避免這種情況。這個步驟就是「加鹽出水」。

鹽除了可以調味食材和去除食材苦味外，還可以運用於醃漬，它有幾百年的歷史，在沒有冰箱的時代，鹽被運用於保存食物。後續將詳細的介紹這個非比尋常的礦物在烹飪中的應用。

用鹽

加鹽調味通常在烹飪前進行，好將食材入味。鹽的特性，在烹飪上有許多功能。

烹飪時，我們通常會先加鹽調味，試味道，並重覆這個動作，直到味道合適。有時可使用有特殊風味的鹽，像是加入香草香料的鹽。

用鹽料理沒什麼特殊祕訣，只要注意適當時機，如果太早用鹽，食材中過多的水分被吸收掉，而無法達到提味的功效，這跟它原本的作用相反。

目前，很多專業廚房直接使用鹽滷來處理，也就是將食物浸泡在鹽水中並計算時間。這是一種確保鹽分均勻附著於食材上的方式，但需要較長時間的烹調時，如此可使食材更軟嫩多汁，因為鹽水能增加肉類蛋白質吸收水分的能力，結構會膨脹而且更柔軟。

鹽滷浸泡

1 在熱水中放入一般用鹽攪拌使其溶解，製成鹽度7%至10%的鹽滷。

2 待鹽水冷卻之後，依照食材大小，放入鹽水中浸泡5分鐘至2小時。例如，比目魚只消浸泡5分鐘，而全隻乳豬則須浸泡2小時。

鹽焗熟成

鹽可以讓食材產生變化。食材在醃漬過程中起的
變化相當有趣。幾個世紀以來，以鹽醃漬的方式
被用於保存眾多的食材，通常是肉類、魚類和
蔬菜，因為鹽可預防微生物孳生。相較於早期用
鹽來保存食物，今日我們使用鹽則是為了追求美
味。

鹽焗熟成過程可使食材的結構產生變化，像是在
不加熱的烹飪方式，使食材的質地和組成轉變成
更適合食用的狀態。像是透過鹽焗熟成後的生火
腿能夠直接生食。事實上，只是透過鹽醃的過程
去除食材多餘的水分，熟成後便能使食材變得更
鮮嫩柔和，而適合食用。

鹽焗最常用於肉類和魚類，有時會在鹽中加入
糖、香草植物或香料，以增加食材的香氣。這是
準備美味的鮭魚料理常用的方式。

值得一提的是，在鹽焗過程中，同樣也包括或結
合其他技術，像是將食材煙燻或脫水。

在亞洲文化中，經常可見用鹽醃漬各式各樣蔬
菜，像是白菜、櫻桃蘿蔔或白蘿蔔。同樣地，地
中海地區的國家，則將鹽用於醃漬各式各樣的海
鮮。這也是一個從早期沒有冰箱時流傳至今的習
慣，隨著醃漬後的發酵熟成過程，蔬菜中的維生
素會增生，而製成的泡菜可以保存一整年。

松子帕馬森乾酪薄片蘑菇

料理時間：2小時｜難度：容易

食材備料：4人份

帕馬森乾酪60克

鹽醃蘑菇材料

粗鹽1公斤

鮮嫩的小蘑菇500克

調味醬汁材料

烤松子10克

蝦夷蔥2克

橄欖油60克

鹽和胡椒

作法

1 以乾淨的濕布徹底清潔蘑菇（見P.111）。

2 鹽醃蘑菇，在容器中鋪一層鹽，將蘑菇放入鹽中後，再倒入一些鹽蓋過蘑菇，然後靜置1小時。

3 靜置時間過後，將蘑菇取出，擦乾後，用刨片器或其他廚具將蘑菇切成薄片。

4 將蘑菇薄片擺放於盤中，如果不馬上食用，可放入容器中密封保存，並使用餐巾紙隔層，避免薄片相黏。

5 製作調味醬汁，將松子切半、將蝦夷蔥切成細末，將兩者放入橄欖油中混合，再加入鹽和胡椒調味。

6 將製作好的松子調味醬汁淋在盛有蘑菇的盤中，並將帕馬森乾酪刨成絲作裝飾。

這道料理相當精緻，且易於準備，在蘑菇盛產季，很適合選用肉質紮實、體積小的蘑菇來製作這道料理。當然也可用其他菇類替代蘑菇，像是凱薩蘑菇（學名：Amanita caesarea）。

檸檬優格醬香料醃鮭魚

料理時間：1小時（鹽醃製作需12小時）｜難度：容易

食材備料：15人份
葵花油
皺葉菊苣葉和紫蘇葉
<u>鹽醃鮭魚材料</u>
鮭魚背脊肉1.5公斤
粗鹽1.5公斤
糖1公斤
黑胡椒30克
白胡椒30克
四川胡椒30克
紅胡椒30克
牙買加胡椒30克
歐芹30克
綠色小荳蔻30克
切碎的新鮮蒔蘿30克
<u>醬汁材料</u>
奶油優格100克
青蔥1根

切碎的新鮮蒔蘿10克
檸檬1顆
鹽和胡椒

作法

1 鹽醃鮭魚，將鹽和糖一比一比例混合，並可加入香草植物和香料增加香氣。將混合後的鹽、糖完整覆蓋鮭魚靜置12小時。醃漬的時間長短可依個人喜好調整，時間短則味道較接近生鮭魚，時間長則味道較重，且魚肉會變得有些乾燥。

2 醃漬完成後，將鮭魚取出，清除覆蓋於上方的糖、鹽和香料。

3 切鮭魚前，先用濕布擦拭殘留的鹽。如不馬上食用，可用葵花油塗抹鮭魚，用保鮮膜包覆後放入冰箱保存，保存時間最好不要超過3天。

4 製作檸檬優格醬，將優格奶霜和切成細丁的青蔥混合。滴入幾滴檸檬汁，並將鹽和胡椒加入。也可加入檸檬皮絲增添風味。

5 最後，將醃好的鮭魚切成薄片後放入盤中，撒上切碎的菊苣葉，淋上一些檸檬優格醬，灑上少許的蒔蘿碎片，再用幾片紫蘇葉裝飾。

紫蘇葉是典型的日本食材，常搭配壽司和生魚片食用，甚至也可直接炸成天婦羅，也有脫水的乾燥紫蘇，用於調味飯食。紫蘇具富含鐵質和鈣質，有很好的抗發炎功效。紫蘇的品種分為青紫蘇和紅紫蘇兩種，其花朵和種子也可食用。這道料理運用紫蘇所帶的淡淡茴香和薄荷的香氣，完美地與富含油脂的鮭魚類結合，就是這道料理所追求的美味。

韓式泡菜

料理時間：2天製作，最少醃漬2週。 | 難度：中等

食材備料：4人份

<u>醃漬大白菜材料</u>

大白菜1公斤

水2公升

鹽80克(建議使用海鹽)

<u>醃醬材料</u>

梨45克

酸蘋果150克

大蒜7克

洋蔥30克

3公升水加入8克昆布

鹽9克

<u>醃料</u>

大根(日本白蘿蔔)80克

蔥40克

韭蔥40克

鹽3克

魚露或甜魚露50克

煮熟的糯米水50克（自選）

辣椒或專用於製作泡菜的韓國辣椒5克

作法

1 醃漬大白菜，將一半的鹽（40克）倒入2公升的水混合。將大白菜切成4份之後，在背面劃刀，使鹽可以滲入。將大白菜放入一個容器，將剩下一半的鹽塗上每片菜葉，讓鹽滲入菜葉。最後放入鹽水中浸泡8小時，並且不時將菜葉上下翻面。浸泡完成之後將大白菜用水清洗3次。

2 將菜葉水分瀝乾後，放入瀝水籃中靜置12小時。

3 製作醃醬，將所有的材料一起磨碎並過濾。

4 用魚露將蔬菜（白蘿蔔、韭蔥、青蔥）混合，之後加入辣椒（辣椒潮濕時會膨脹）。

5 當菜葉瀝乾完成之後，將製作好的醃醬塗抹在每一片菜葉上。

6 將其他蔬菜配料覆蓋整個大白菜。

7 倒入醃醬之後,先在室溫下靜置24小時讓它發酵,之後放置於冰箱內至少2週。若想做出品質更好的泡菜,建議放置2個月,香氣和味道才完全穩定。

泡菜是韓國傳統典型食物,也是鹽醃蔬菜的例子、亞洲各國經常製作的料理。製作方式並不複雜,但準備時間相當長,因為大白菜必須發酵至少2週。這道料理值得我們耐心等待,一旦完成製作,泡菜便能保存6個月。

烹前風味增添

香氣是食物必備的要素。我們可以依據喜好，透過烹飪技巧，增添食材各種香氣或風味。

香氣是食物的必備要素。烹飪時，我們可以透過不同的技巧，為食材增添天然香氣。接下來我們要介紹的技巧，包括醃製、浸泡、浸劑、浸味、調配香氣。目的是為食材的口感滋味找到一個完美搭配的氣味，透過其他配料調製增添香氣，以變化出各種不同的風味。

調製增添風味的配料，通常為葡萄酒、醋、香草植物、香料、油或白酒，及各式各樣的調味品。將食材浸泡在這些配料中，或跟這些配料結合，讓它們靜置幾個小時，使食材完整浸濕於配料中，改變其風味。

某些技巧不只是改變食材的味道和香氣，甚至能改變其狀態，且讓食材變得更多汁。接下來我們將詳細介紹每種技巧。

浸漬、油封、醃泡

這個組合的技巧，主要是將食材浸泡在具有香氣的調味液體中數小時。這些液體包括檸檬汁、油、葡萄酒或醋，此外也可加入一些配料，像是香草植物、大蒜、洋蔥和香料。

浸漬

某種程度上，浸漬可說是醃製的另一種方式。若要明確區分其不同，醃泡是浸泡於酸性液體中，酸化的過程會改變食材的味道，而浸漬只是增添食材不同的風味、讓它軟化，並不會失去原有的味道。

我們可以使用油、辣椒、草本植物、香料浸漬肉類，也可加入葡萄酒和醋，但不改變食物原本的味道，只是讓它變軟並增加其他風味。水果也可以浸泡，通常會增加某些酒精類飲料，像是麝香葡萄酒、紅葡萄酒和其他飲料，有時候會另外加糖和其他果汁。

油封

跟浸漬相似，油封也是將食材放入具有香氣的液體中浸泡，增加食材的風味並讓它變軟。跟醃泡最大的不同是它的主要液體是油。我們能以油為主要元素，搭配其他不同含有香氣的配料，也可以混加葡萄酒或醋（圖2）。

醃泡

鹽醃鮭魚（使用固體鹽、糖和其他配料醃製）和醃泡鮭魚常被混淆，其醃製的材料和使用的處理技術是不相同的，因為醃泡需要將食材放入調味的液體中浸泡（圖1）。

食材醃泡完成後，將有一個特定的味道，可能變得更柔和，或是降低較難聞的氣味（例如打獵取得的獵物）。某些特定的食材，在經過醃泡後，可能改變狀態，甚至有的可以不需烹飪直接食用，基於這個原因，醃泡經常被使用。

醃泡通常會使用檸檬汁或其他相似的液體，或是葡萄酒和醋，通常也會加入草本植物、香料以及其他植物。檸檬汁、醋或葡萄酒的等酸可以軟化食材的組織，並提升食材保水的能力。基於這個原因，在香味滲入食材的同時，也能讓食材保持濕潤多汁。

醃漬沙丁魚

料理時間：1小時 | 難度：容易

食材備料：4人份

沙丁魚片20片
白葡萄酒醋200克
番茄60克
青蔥1根
蝦夷蔥
初榨橄欖油
鹽和胡椒

作法

1 將沙丁魚片放入濃度10％的鹽水中靜置5分鐘。鹽水可以清除沙丁魚的血漬、消除異味以及調整魚片的鹹度。

2 將沙丁魚片放入醋中醃泡30分鐘。之後將沙丁魚片取出擺放於盤中。

3 將橄欖油淋在沙丁魚片上，放上番茄丁、現磨黑胡椒、蝦夷蔥末，以及靜置冷水中使其變硬並減少嗆味的嫩蔥切片。

有時，簡單就是美味。夏天是準備這道料理的最佳時機，因為是沙丁魚的產季，魚肉品質狀態最佳，肉質所含脂肪較多，因此也更美味。這份食譜所提供的方式，可以讓我們用簡單的方式醃製這種來自地中海的深海魚，並提升魚的美味。

醃鮪魚四季豆沙拉

料理時間：1小時 │ 難度：容易

食材備料：4人份
新鮮鮪魚400克
醬油200克
四季豆400克
紅紫蘇1份
醬汁材料
醬油100克
初榨橄欖油100克
芝麻油10克（自選）
烤芝麻10克

作法

1 製作醬汁，將所有的材料混合後，置於一旁待後續使用。

2 將鮪魚切割成骰子狀大小，需使用相當新鮮的鮪魚，並放入醬油中醃泡15分鐘。可依據烹飪者的喜好，可能變化鮪魚切塊的大小，或是醃泡時間長短。

3 將已清洗並切好的四季豆水煮熟至有彈性，確認後將四季豆取出，放置於陰涼處冷卻，置於一旁備用。確認熟度四季豆，可使用叉子是否可輕易刺透豆莢。

4 將鮪魚塊和四季豆放入盤中，淋上已準備好的醬汁，最後使用紫蘇葉裝飾即完成料理。

這道簡單的料理，使用肉質細嫩的鮪魚搭配有嚼勁的四季豆。醬油醃泡賦予鮪魚濃烈的風味，配上清爽的四季豆。醬油是這道料理的媒介，將芝麻、鮪魚、四季豆連結在一起，最後再搭配氣味清爽的紫蘇葉，能提味也做裝飾。

酸汁紅鯡生魚片

料理時間：1小時（加浸漬時間24小時）

│難度：中等

食材備料：4人份

8條重量80克的紅鯡魚

浸漬紅鯡魚的鹽滷

鯡魚高湯製作材料

鯡魚背脊肉750克

水750克

「虎之奶」醃醬製作材料

鯡魚高湯750克

洋蔥60克

酸橙35克

黃椒25克

紅椒20克

鹽7克

酸橙皮5克

塔巴斯科辣椒醬1克

醃洋蔥製作材料

紅洋蔥或菲格拉斯洋蔥1顆

石榴醋100克

配料

櫻桃番茄8顆

酪梨1顆

玉米

鹽角草

作法

1 製作「虎之奶」醬汁：首先清洗製作高湯的蔬菜，並切成丁。之後將所有的製作材料混合並放入一個容器，置於陰涼處浸泡24小時。

2 接著製作鯡魚高湯，將魚肉取出，剩餘的魚骨，放入冷水中浸泡6小時去血漬。之後輕輕地將它們取出，並放入煎鍋煎成金黃色。

3 將魚骨放入沸水中燜煮30分鐘，將魚骨取出。將煮過魚骨的湯汁保存好，後續將使用到。

4 製作醃洋蔥：將紅洋蔥或菲格拉斯洋蔥清洗後去皮，切成條狀並在沸水中汆燙20秒。之後馬上放到加入冰塊的水冷卻，冷卻後取出並瀝乾水分。加入石榴醋或其他類似的醬汁，醃泡1小時。

5 在每顆櫻桃番茄上劃出一個小十字，放入沸水鍋中燙10秒，較容易去皮。取出後馬上放入加有冰塊的水中冷卻，之後再用刀子去皮並保存備用。

6 將鱸魚去鱗去刺。

7 將魚肉切成塊之後放入鹽水中浸泡5分鐘。

8 將切好的魚塊放入已製作好的「虎之奶」醃醬中並靜置8分鐘。取出後保存備用。

9 將「虎之奶」醃醬內的蔬菜打碎，保留在醬汁中。

10 將鱸魚塊放入盤中並淋上「虎之奶」，依照喜好使用櫻桃番茄、酪梨、玉米、醃洋蔥、鹽角草裝飾，也可以加入豆芽。

浸劑、浸味、添增香氣

這三個技術,通常是將食材浸於液體,以吸收液體中的香氣分子。浸劑過程中若能加熱處理,效果更好,因為高溫可加強芳香作用,提增食物汲取香味的能力。使用這些技術的目的,是為了盡可能地讓料理達到色香味俱佳的和諧,或對比的美妙風味。

浸劑

浸劑是將食材放入尚未煮沸的熱液體中浸泡,讓食材可以吸收液體中及其他加入成分的香氣。最重要的是不要將液體煮沸,避免破壞我們希望得到的香氣(圖1)。

茶、草本植物或咖啡,都是可使用的浸劑,這個技術可使用更多的配料當浸劑。例如我們可以使用松露配白葡萄酒、牛奶配香草、紅葡萄酒配肉桂或丁香。

浸味

這個技術可以讓食材融入其他食材的味道。通常使用於水果和蔬菜,將它們放入液體中,使液體的味道滲入水果和蔬菜。這個過程有時也被稱作浸濕或浸泡食材。

我們也可以用醃製的方式增加水果的味道,但醃製的方式比浸味更強烈(最上方的圖片可以看到兩種方式的差異,哈密瓜染色的深淺)。讓食材完整浸味的最好方式,是用工具真空浸味。將水果放入已裝好液體的真空瓶,再做抽出空氣,使用這個方式可以讓食材更快入味,且不會變軟,也不會失去它原本的味道(圖2至圖4)。

添增香氣

烹飪時運用這個技術,可以將食材特定的香氣或味道融入另一個食材。例如將油加入草本植物、香料或花調味。

過程中加熱處理,能加強芳香成分反應。當油加熱時,最好將溫度保持在65℃並持續約30分鐘,防止破壞食材的屬性,也可抑止細菌孳生。

紅色水果香草冰淇淋

料理時間：1小時 | 難度：容易

食材備料4人份
各種紅色水果400克（草莓、覆盆子、
野草莓、桑葚、小紅莓……等）
糖200克
水200克
馬鞭草葉
香草冰淇淋

作法

1 將糖加入水中後將水煮沸。水煮沸時，將馬鞭
草葉放入，浸泡5分鐘。

2 開始將水果放入，因為每種水果的質地不同，
所以需從質地最硬的開始（例如小紅莓）放入，
果質較嫩的最後放入（例如野草莓）如此便可防
止破壞它們的質地。將水果浸泡1小時。

3 將馬鞭草葉取出，將浸劑完成的紅色水果放入
杯子中，之後再放上香草冰淇淋或其他口味的冰
淇淋。

這道美味甜點的主要祕密在於紅色水果
的品質，需使用已相當成熟的水果。水
果與熱糖漿融合後散發出甜甜的香氣，
再加上和熱糖漿成對比的冰淇淋，替這
道甜點增添美味。

茴香鳳梨

料理時間：4小時｜難度：容易

食材備料：4人份

水500克
糖50克
鳳梨100克
茴香40克
2片吉利丁（每片重量2克）
薑汁冰淇淋（也可用椰子或馬鞭草口味的冰淇淋）

作法

1 將糖加入水中煮沸。煮沸後關火將鍋子移開火爐，加入之前已浸泡在冷水中的吉利丁片，並攪拌至完全溶解。

2 將鳳梨切成1立方厘米的丁塊，將鳳梨丁與茴香一起放入熱糖漿中浸劑。

3 用保鮮膜或蓋子覆蓋，並放入冰箱靜置至少3小時。

4 浸劑完成後，將帶有茴香清新香氣的鳳梨倒入碗中。一球薑汁冰淇淋，再放上幾片薑糖片，將

是完美的組合，除了薑汁口味以外，亦可搭配椰子、馬鞭草等其他清新口味的冰淇淋。

這道冰品口味清新，非常適合夏日，茴香的清新香氣融入新鮮鳳梨中，透過浸劑，水果能變得更加美味，再搭配冰淇淋，便能成為一道讓人無法抗拒的甜點。

調味巧克力

料理時間：2小時 │ 難度：容易

食材備料：4人份
含70%可可的巧克力125克
薄荷1把
冷凍乾燥材料：薄荷、樹莓、百香果、
優格、咖啡

作法

1 清洗薄荷葉，將水瀝乾後，小心將葉面擦乾。

2 將巧克力和薄荷葉一起放入真空袋，將之封起。

3 將裝有巧克力和薄荷葉的真空袋放入容器中，以水溫65℃加熱1小時。薄荷葉的香氣便能完全滲入巧克力，使巧克力帶有薄荷的清新香味。

4 使用糕點專用，附有手柄的濾網，將加熱混合完成的巧克力從真空袋中倒出。

5 將熱巧克力擠塑出小拐杖的形狀。

6 趁熱巧克力冷卻前，可用冷凍水果乾裝飾，將巧克力裝飾得鮮豔多彩。

調味巧克力十分簡單，甚至可以和小朋友一起做。使用健康的冷凍水果乾還可使外觀更加鮮豔。只需要一條圍裙、一個樂於分享的心情，搭配簡單的食材，便能完成這道甜點。

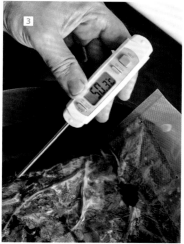

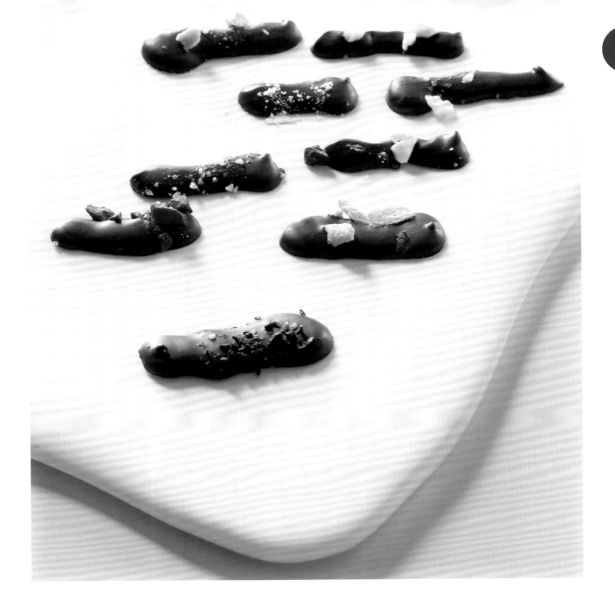

櫻桃番茄血腥瑪麗

料理時間：20分鐘 ｜ 難度：容易

食材備料：4人份

櫻桃番茄20顆
伏特加50毫升
糖水50克（糖與水的比例1比1）
芹菜風味鹽

塔巴斯科辣椒醬
芹菜嫩葉
鹽和胡椒

作法

1 準備50克糖水（糖與水的比例1比1，並沸煮5分鐘）。

2 混合所有芳香材料，包括伏特加、鹽、胡椒、辣味醬油、芹菜風味鹽和糖水並靜置20分鐘。

3 用刀在每顆櫻桃番茄上劃小十字，放入沸水中燙一下，之後放入加有冰塊的水冷卻，再去皮。

4 準備好可抽出空氣的真空罐子，將番茄放入，並加入之前做好的芳香液體。

5 重複3次抽出空氣的動作，每完成一次就將瓶蓋打開。

6 當番茄完全入味之後，將其放置於容器內，並使用新鮮的芹菜嫩葉裝飾。最後再加入步驟2混合而成的調味料。

櫻桃番茄血腥瑪麗很適合當作宴客時的迎賓菜色，看似一道開胃菜，但入口的滋味也像是雞尾酒飲品，十分引人注意。

薑汁金棗乳酪無花果

料理時間：2小時（加上12小時的醃製和浸味）

│ 難度：容易

食材備料：4人份

成熟無花果4顆

蜜漬橘皮2條

生杏仁12顆

芝麻菜100克

茴香葉和花、嫩龍蒿葉

醃製材料

金棗12顆

糖100克

水100克

用來提增乳酪風味的薑油材料

軟山羊乳酪或相似乳酪（非奶霜狀）100克

薑50克

葵花油100克

醬汁材料

葵花油

巴薩米克醋

鹽和胡椒

作法

1 醃製金桔：用針將所有的金棗刺洞，之後放入比例1比1的糖水中用小火熬煮2小時。之後放於密封容器醃製最少1天。

2 使用薑調味乳酪，把薑磨碎，加入葵花油。把混合好的葵花油倒入軟山羊乳酪，浸味至少8小時。

3 小心地將無花果去皮，注意不要破壞其外觀，之後橫切成條塊。

4 將乳酪塞入無花果條狀之間的縫隙，之後用包鮮膜包覆固定，使無花果可以維持外型。將無花果放置於冰箱至少1小時，使其定形。

5 將生杏仁切半或切成條狀，接著將醃好的金棗切塊。

6 醬汁製作：混合葵花油、巴薩米克醋、鹽和胡椒。

7 用芝麻菜做為沙拉的基底，嫩杏仁、醃金桔、茴香葉和花、嫩龍蒿葉做為配料。將無花果縱向切半，搭配乳酪放於盤中。淋上醬汁後，再用剩下的配料裝飾，即完成這道料理。

這道菜的製作簡單、靈活、美觀。製作方式很簡單，亦可結合不同的材料製作，成果讓人驚豔。最好使用當季果肉飽滿且緊實的無花果，結合含有脂肪成分的食材，像是新鮮的山羊乳酪或是鵝肝醬。為一道揉合甜與脂，並搭配生薑調味的經典料理。

常溫下的食材處理方式

接下來要介紹的是用於烹飪傳統料理的技術。這些技術目前仍繼續被運用於現代料理，並結合新的技術。

烹飪、烹飪者的創造力、食品工業的變化是無止境的。因此，了解所有烹飪前食材處理技術，也是一項永續的工作。

接下來將介紹一些常溫下處理食材的技術，這些都是我們已經熟知傳統方式，且可以有效地運用在現代烹飪。

榨汁

這個處理工作需要使用榨汁機，好取出食材中的汁液。榨汁機的類型有兩種，一種是運用高速運轉產生的離心力作用（較早期的類型，沿用至今），另一種是使用擠壓的方式榨汁（較能保存膳食纖維）（圖1）。

目前，專業廚房都使用擠壓方式榨汁，製作濃湯、蔬菜湯或果汁，例如用於製作雞尾酒的番茄汁。同樣也可以將香草植物榨汁，變成濃縮果汁或冷飲，此外，也可用於醬汁製作，如將橄欖壓榨成汁運用於分子料理（見P.335）。

將食材轉換成液態，不須改變溫度，就可從食材的汁液中汲取所有營養成分，同時保留食材本身的味道，對人體吸收營養和烹飪都有好處。

當我們將發芽的穀類榨汁時，它們將轉換成有益我們健康且營養價值極高的飲品。像是小麥芽汁所含的葉綠素，便是維生素B的一種特殊來源；此外，小麥汁也含有豐富的維生素A、維生素C，以及鈣、鐵、鎂、磷、鉀、鈉、硫、鈷、鋅、蛋白質等豐富的營養成分。

裹粉和裹麵糊

這是一般家庭烹飪最常見的烹飪方式，將食材沾麵包粉，或裹上加了雞蛋和麵包粉的麵糊，之後酥炸。這樣可以保護食材，使其承受油的高溫。

裹粉的方式相當多樣。可以用「英式沾法」，也可以用「米蘭式沾法」，順序為麵粉→蛋→麵包粉[1]，並加入帕馬森乾酪；或者使用「馬德里式沾法」，將帕馬森乾酪改為大蒜和歐芹。也可使用帶有香味的麵包粉（大蒜、歐芹、香草、咖哩或羅米斯科醬）或是奶油麵包粉。奶油麵包粉，已含有蛋和麵粉，因此只沾麵包粉即可油炸。

各式裹粉，當然也造就不同的口感。例如麵包粉就可分為新鮮麵包或從乾硬麵包製成的；其他食材裹粉，還包括了搗碎的薯餅脆片，或是日本Panko麵包粉（日本製的麵包粉，口感較酥脆）。

如果不喜歡使用麵粉，也可以直接將食材抹油，然後用麵包薄片來取代麵包粉（圖2）。

裹粉炸物料理的優點，在於可事先做好並冷藏或冷凍保存，而且不需解凍就可以直接烹飪。

綑綁

綑綁食材的主要功能在替食物塑形，在烹飪時不變形，可使製作過程更順利。而處理食物中鑲有餡料的菜色，有時不只是綑綁，還需要縫線，好讓內餡不在烹飪過程流失（圖1）。

---

[1] 此為米蘭式，英式的沾法是將食材沾入麵粉、啤酒和酵母調成的麵漿。

櫻桃冷湯

料理時間：1小時 | 難度：容易

食材備料：4人份

熟番茄800克
櫻桃250克
櫻桃番茄4顆
紅椒50克
黃椒50克
青蔥50克
蝦夷蔥1根
鹽和胡椒
浸味櫻桃或醃製櫻桃材料（自選）
櫻桃12顆
櫻桃酒或杏仁甜酒50克
製作蔥油材料（自選）
橄欖油100克
蝦夷蔥20克

作法

1 清洗番茄，將它們擦乾之後，切成大塊。

2 清洗櫻桃，並去除果核，保存幾顆用於裝飾。如果希望櫻桃帶有一些酒味，可將其放入酒中醃製（醃製酒自選）或浸味（將櫻桃和櫻桃酒放入真空浸味的容器後，只要抽取空氣3次[2]）。如果不想帶有酒味，則以容器用保鮮膜覆蓋保存，之後再行使用。

3 將櫻桃和番茄切碎，加入橄欖油後攪拌成乳狀。加入鹽和胡椒調味，將冷湯過濾之後靜置約

4 將紅椒、黃椒與洋蔥切丁，最後將蝦夷蔥切成段。把它們全部混合在一起，加入鹽和胡椒後均勻攪拌。

5 用開水將櫻桃番茄燙過後去皮，小心地將它們挖空後，填入切碎的紅椒、黃椒、洋蔥和蔥。

6 如果要製作蔥油，可用Thermomix料理機將細蔥切碎並和油攪拌，溫度設定70℃，時間設定5分鐘。之後將它們過濾再冷卻即完成。

7 在盤子周圍，用步驟4的蔬菜末丁和櫻桃碎塊穿插點綴擺盤，在盤子的中央擺放一顆鑲有蔬菜末的櫻桃，並淋上幾滴蔥油。將湯罐裝滿櫻桃冷湯，倒入番茄周圍[3]。

口味較清淡版的傳統冷湯，簡單也快速，適合夏天烹飪。記得使用成熟度最佳的當季櫻桃，味道飽滿，肉質較鮮嫩多汁。此外，若將櫻桃放入酒中浸味，大膽放入湯內，頗能引起口腹之慾。

[2] 一般使用真空罐時，人們總習慣抽取很多次直到無法抽出空氣，但作者在此特別強調只要抽取3次，最主要的原因應是為了避免抽取太多次，味道過於強烈。

[3] 上圖的冷湯還未倒入碗中，圖片後方的紅色液體便是冷湯。

切碎

有時我們說「切碎」，實際上可能是指剁碎、切碎和絞碎。三個概念類似的動詞，其中仍有一些細微的差別。使用絞碎機加工食物的目的，在於改變食材質地，讓口感變得更細緻或更厚實。

製作漢堡、肉丸或餡料時，可單獨使用牛絞肉或豬絞肉，或將兩種肉混合。建議可以和脂肪的部分一起絞碎，增加絞肉的彈性和鮮甜；魚肉絞碎後可用於製作魚醬糜、糕點或餡料。蔬菜絞碎則多用來製作佐醬料，另要是打成菜泥也能製作千層麵。另一個可以絞碎的食材則是乾麵包，可用來製作麵包粉。但一般食譜中提到的「切碎大蒜和歐芹」，指的是用刀子切碎，通常不需要到上述使用工具的細碎程度。

雖然食物調理機也有切碎食材的功能，但其質地跟絞碎機切割的完全不同，食物調理機通常會將肉切割得較直，且絞肉呈糊狀，絞碎機切割的肉則較具彈性。

填塞和綑綁

填塞和綑綁食材是過去家庭烹飪最常使用的食材處理方式，但現在已相當少見，因為這些處理方式耗時，烹飪時間也較長。這兩種處理方式的共通點，都是使用脂肪，來保護主要食材或加強主要食材的味道。

填塞，指的是利用肉針刀，把肥豬肉、香腸、松露或雞蛋等食材，填入肉塊之中，通常會填入牛肉、羊肉或豬肉，牛或豬背脊肉等肉（圖2）。

綑綁則是利用脂肪的包覆來保護主要食材，讓食材接觸爐火時能夠保持濕潤。脂肪常使用肥豬肉，像是烘烤雞時，便可用豬脂肪覆蓋雞肉，再進行烘烤，賦予料理美味多汁的口感。另外像是後腰里脊、後腰里脊最下段肉（菲力），將其用新鮮豬肥肉或肥肉條包覆，也使用捆綁技術的另一個例子（圖1）。

研磨

研磨工具除能快速地將食材切碎，也能將不同食材，如堅果、大蒜、油一次性研磨並均勻混合在一起，這類的工具有食物調理機、電動咖啡研磨機、手持攪拌器等工具，可依不同硬度食材或不同細緻程度運用（圖3）。

3

脫水乾燥

脫水乾燥是一種相當有效的食物保存方式，除了保存，烹調上也會利用這個方式達到食物酥脆的質地，但其味道和營養成分不會打折，比方說蘑菇就是一種很常使用脫水技術來保存的食材。

這項處理工作，必須擁有食物乾燥機才能進行。乾燥機具有調整溫度和空氣流動速度的功能，將需要乾燥的食材完整或切塊後放入機器中，讓機器運轉至將食材轉換成所需的狀態，再將食材取出。如果不馬上食用，應將食材放入密封容器保存，記得在外部貼上標籤，註明包裝日期（圖4）。為了創造出菜餚酥脆的口感。

4

韃靼番茄

料理時間：5小時｜難度：中等

食材備料：4人份
烤吐司條
黃芥末醬材料
蛋黃1顆
特級初榨橄欖油45克
芥菜籽8克
韃靼番茄材料
熟番茄600克
紅蔥頭20克
酸豆10克
醃小黃瓜10克
辣椒油
鹽和胡椒

作法

1 將番茄汆燙之後去皮，去除籽和果漿的部分。將果肉切成薄片，並將中心部位平均切割。

2 將番茄放入食物脫水機，溫度設定55℃，時間設定2小時。同樣也可用烤箱脫水，溫度設定70℃，啟動內部風扇，並將烤箱門開啟。當番茄的質地變化得跟肉類質地差不多時即可取出。

3 製作芥末醬，將蛋黃放入碗中，並攪拌至糊狀。一邊將橄欖油非常慢地加入碗中，同時一邊用攪拌器混合攪拌使其乳化。加入芥菜籽混合後保存備用。

4 製作韃靼番茄，將脫水完成的番茄放入容器，之後加入其他材料，包括紅蔥頭、酸豆、切碎的醃小黃瓜、芥末醬、辣椒油、鹽和胡椒。均勻混合後闔上蓋子，放置於冰箱保存。

5 將韃靼番茄擺放於盤中,並搭配烤吐司條或蔬菜脆片,最後淋上一點芥末醬即完成。

脫水乾燥後的番茄,仍保存原味,且質地會變得類似肉類,是喜歡變化食物質地的烹飪玩家的理想料理,也是一道適合素食者食用的佳餚。

1

2

食材熱處理法

運用溫度變化處理食材的簡易技術或烹飪方式。例如汆燙、集中加熱、燙煮、微火燒烤。

食材烹飪前置工作，大部分是處理生食，很多的情況必須使用加熱的方式來處理，以利後續烹飪或製作。

汆燙

將食材放入沸水中汆燙幾秒鐘，加熱過程可能會改變食材某些特性，例如顏色和質地。

汆燙番茄

1 這個方式可使蔬果更容易去皮。先用刀子在番茄底部劃小十字以便去皮。之後放入沸水汆燙5秒鐘。

2 汆燙後，馬上將番茄放入加有冰塊的水冷卻，不破壞番茄的安全溫度，並防止其變軟。

3 之後便可用刀子輕易地將番茄去皮。

3

4

高溫油炸（煎）

以高溫透過煎或炸的方式加熱食材，但須快速起鍋，高溫止於讓食物表面鍍上金黃色，使其香氣散出，但避免高溫傳入食材內部。此方式亦可保存汁液鎖在食材內而不逸失。常用於烹飪前置準備，也是一種烹飪方式（例如將鱈魚放入烤箱烘烤前，先用爐火乾煎；或是食物高溫油煎後，至冷卻後再以舒肥法煮至中心全熟）。

焯水清汙

透過焯水清洗或去除食材上殘留的雜質、血漬或難聞的氣味。焯水跟汆燙相似，但焯水是將食材放於冷水中煮至水沸騰，在水沸騰的同時取出食材或過濾雜質，之後讓食材冷卻或繼續蒸煮一段時間。焯水牛肚、豬蹄或豬腸時。可重複動作直到雜質去除。

豬蹄焯水

■ 將豬蹄放入裝有冷水的鍋子，開啟爐火煮至水沸騰（圖4）。

■ 當水將要沸騰冒泡時將豬蹄取出。

■ 將豬蹄放於冷水中冷卻，之後清洗乾淨，可視需求重覆執行。

燎烤

豬蹄和禽類需透過燎烤去除殘留的豬毛和羽毛（見P.114）。某些特定食材亦可透過燎烤增加其風味，日式料理中的炙燒鮪魚就是常見的例子。使用瓦斯噴槍燎烤魚的背鰭外部，或用鐵板高溫快速煎，而內部魚肉仍呈半生熟的狀態。

烹飪技法大全

當我們選用各種方式烹調時，就開始對食物進行一系列的變革，改變了顏色、質地，增添了香氣和口感。

談到烹飪方式，一般大眾的認知理解是指像煎、煮、炒、炸等不同的方式烹調食物。然而烹飪這個詞在學術上的定義，是指將食物以加熱的方式更改或轉變其狀態。事實上，除了使用溫度變化來烹飪食物之外，也有其他不使用加熱處理的烹飪方式可讓食物轉變成可食用的狀態，像是前面提過鹽醃熟成。

烹飪會使食物產生物理變化，像是改變顏色、氣味、味道和質地。此外也會改變食物的分子結構，使食物產生化學變化。烹飪過程同樣也會使衛生條件改變，烹飪時的溫度需夠高（高於65℃），好抑制微生物孳生，從而延長保存時間，確保食物的安全。

各樣烹飪方式

強調風味的濃郁

強調風味濃郁的烹飪方式，可把風味和湯汁可以封鎖於內部，使食物的滋味更濃烈，烹飪時通常需使用高溫。

這種集中型的烹飪法，像是油煎或燒烤，會改變食材的顏色（煎成金黃酥脆）、口感（更為濃厚且集中）、紋理（表皮變得酥脆）、氣味（香氣變得突出飄香）。所有的這些轉變被稱為「梅納反應」（Maillard）。除了油煎和燒烤之外，沸煮和真空烹調也都是使用集中火力烹飪的例子。

強調風味的傳導擴散

這是烹調高湯和湯底的典型方法，能萃出食材本身的美味並融入湯中。將食材浸在冷水中開始加熱直至沸騰，食材的味道便會慢慢散發於水中。因此像是用冷水煮沸（例如製作清湯）或焯水清汁（將冷水煮沸後燙煮食物）都是使用文火傳導擴散的例子。

混合火候

將上述兩種方式結合，一方面強化食材原味，同時也透過滲透傳遞味道至湯中。例如燉菜、燉魚、燉肉、蔬菜燉湯，都是混合火候控制的例子。

新趨勢

每天都有更多關於烹飪的新技術和科學知識可以學習，每天也都有廚師在思索該如何精進烹飪，在不減低食物的營養價值情況下，還能提高食用者感官享受。目前，有一種日益普遍的烹飪趨勢，主要專注於對烹飪溫度、時間和濕度的控制，創新烹飪技術，來控制這些參數，目的使料理達到最佳品質。

「低溫烹調」就是一種目前最引人注目的新技術，未來能更廣泛使用，其運用的方式，是將烹飪溫度控制在100℃到50℃之間。這種技術需要特殊烹飪設備和機器，在一般家庭廚房尚不多見，但已逐漸使用於專業廚房。烹飪過程中的每個環節都能被有效地控制，保存食材最天然的味道和營養成分，同時也確保每次烹飪品質都相同。

若此種技術使用得宜，可讓我們為每一種食材找到最適合的烹調參數。比方說，不需長時間保存、烹飪後馬上就要食用的料理，可使用低於65℃（抑止微生物孳生的安全溫度）的低溫烹調法來處理；若需要較長時間保存的料理，則必須使用65℃或更高的溫度烹飪。因此，我們必須了解及認識各式菜色所適合的烹飪方式。

這些技術並不複雜，機器也沒有精密到無法在家裡執行。雖然一般家庭沒有這些專業烹調機器，但還是可以藉由改變烹飪習慣，使用一些簡單的工具，諸如溫度計（探測針）、計時器，協助我們控制烹飪時間和溫度等變因；最重要的是要瞭解每種食材所需的烹飪方式和時間，確保烹飪出美味且營養不流失的料理。

最佳烹飪溫度	
魚	40℃ ／ 55℃
肉	50℃ ／ 65℃
蔬菜	85℃以上

烹飪過程中，食材中心或內部的最佳溫度，如此得以利取得最佳質地。

沸煮

沸煮是最簡單也最常用的方式，但操作也有些訣竅。而每種食材都有最適合的烹飪時間。

烹飪方式	✦ 強調風味的濃郁
相近烹飪方式	汆燙、焯水、悶煮、壓力鍋烹飪、蒸氣烹飪。

將食材置於100℃沸水中一段時間，無論是運用於烹飪前準備食材，或是直接烹飪料理，都是一種最普遍、簡易的日常烹調方式。通常我們是加水沸煮，也可使用高湯、湯底或是醬汁，但絕對不能使用油。

沸煮時，我們會先加入鹽和調味料（胡椒、香料、草本植物等）做調味。等到液體沸騰時，再放入食材，諸如蔬菜、麵條、米飯等。不過也會有些例外的食材，為了製作湯底而必須先放入冷水，自冷水開始煮至沸騰，像是乾豆類（乾的小扁豆和乾白豆）等食材。

同樣地，也可使用壓力鍋（快鍋）烹煮，它可使沸點溫度提高至約125℃，加速完成食物的烹調。

沸煮技巧

- **使用適合的容器**：容器若有足夠空間，可使食材烹飪得更好，也可避免水溢出。請使用一個大小適中，可容納足夠水量和食材的鍋子。

- **用大量的水**：可加入稍微過量的水，如此一來當食材放入鍋中時，水不會停止沸煮。雖然在加入食材的當下，水溫自然會下降，但若水量充裕，再度沸騰的速度也更快。

- **加鹽**：鹽有助於加快沸騰，還可替食材調味。建議烹煮米、麵條、蔬菜時，每一公升的水都應加入10至15克的鹽。

- **有效率地使用**：為了不浪費能源，鍋具的直徑應大於熱源範圍。讓鍋子加蓋煮沸，可加快煮沸，若將食材切割後再放入鍋中，也可加快烹煮速度。

- **迅速冷卻**：一旦食物達到其所需的烹調時間，便應迅速將食物從沸水中取出，以防止過熟。若不馬上食用，也應迅速將食物冷卻。可用加冰塊的冷水冷卻，或將食物放在陰涼處，甚至可放在戶外散熱，但記得要有妥善的保護。

沸煮乾豆類

豆類一直都是人們攝取的主食，也是許多傳統料理必備的食材之一。由於豆類通常需要較長時間的烹煮，因此人們往往習慣購買現成已烹煮好的豆類，再將它們放入密封容器保存。然而，烹煮豆類的方式，其實相當簡單。

步驟

1 烹煮前，應依照各種豆類所需的浸泡時間，將它們浸泡於水中（見P.138）；之後將它們瀝乾，放入鍋中，並加入適量的水（每份豆類平均需加入2.5至3份的水），不要過量以免味道被稀釋。以大火不加鹽的方式沸煮，可使豆類煮得更軟且更易於人體消化，還可加入昆布一起蒸煮，替料理增加礦物質的營養成分。

2 依照每種豆類可烹調的時間，在適當的時間將它們放入水中，白豆和扁豆必須先放入冷水中煮至煮沸，而鷹嘴豆僅需在水沸騰時再放入。

3 當水開始沸騰時（鷹嘴豆的再度煮沸；乾燥的白豆和扁豆的水第一次沸騰），去除水面上的泡沫，並將爐火關小，改用時間較長、緩慢且穩定的方式烹煮。

4 每種豆類所需的烹煮時間不同，過程中要適時確認豆子軟化的程度，當豆子變軟時，將鹽加入水中，並將爐火關閉。

5 關火後可讓豆類靜置在烹煮的水中冷卻。這些煮豆的水，水中保留了豆類精華和味道，還可以用來製作豆泥濃湯。

豆類大約烹調時間

- 鷹嘴豆：1.5至3小時。
- 白豆：1.5至2小時。
- 扁豆：1小時。

1

麵條沸煮

烹飪麵食需要大量的熱能和足夠的水，所以要使用大量的水並開大火，讓麵食可以在滾水中充分展開，有助在最短時間內烹煮完成。儘管每個人的喜好不同，但麵食最重要的就在於嚼勁，所以要非常注意麵食的硬度是否適中，最好是煮到帶有白心。

步驟

1 將要烹煮的麵食放入大量的鹽水中（每公升加入15克鹽）。鹽可以防止麵食黏在一起。每100公克的麵食需使用1公升的水烹煮。

2 適時小心攪動，為了防止麵食黏在鍋底或互黏。讓鍋內的水在不加蓋的情況下蒸煮至沸騰。除了煮扁狀麵條需加入油之外，通常不需加入油。

3 每種麵食根據其類型和厚度都有不同的烹飪時間，然而怎樣才是適合的熟度，往往視個人口味和喜好決定。最好的方式是一邊煮一邊試，直到麵食的熟度符合自己的口味。

4 當麵食的熟度符合我們的口味時，迅速將它們從水中取出即可食用。如果沒有要馬上食用，則可將麵食迅速冷卻，加入油之後加蓋保存，防止麵食變乾。

麵食大約烹調時間

- 新鮮麵條：2至8分鐘。
- 細麵條：2至5分鐘。
- 通心麵：5至10分鐘。
- 寬麵條：10至20分鐘。
- 全麥麵條：比白麵條多煮5分鐘。

地中海通心粉

料理時間：2小時 | 難度：容易

食材備料：4人份
通心麵400克、卡拉瑪塔橄欖80克
橄欖泥20克、櫻桃番茄12顆
番茄120克、橄欖油60克
番茄乾40克、鯷魚8條
糖漬檸檬皮20克、檸檬1顆
酸豆20克、羅勒
百里香、迷迭香花、百里香花等香草
糖、鹽、胡椒

作法

1 將番茄汆燙去皮後切碎。倒入油並加入百里香、鹽、胡椒和糖調味。放入烤箱、砂鍋或平底鍋加熱煮45分鐘使番茄入味。

2 將橄欖去核並切成大塊（保留幾顆完整的）。將番茄乾切成絲狀，並將櫻桃番茄切半。將鯷魚切成大塊，並將糖漬檸檬皮切成小塊。最後將羅勒切碎。

3 將酸豆放入水中浸泡10分鐘降低其酸度。

4 將櫻桃番茄放入平底鍋以大火煎煮，並加入其他的材料，包括已入味的番茄、番茄乾、未切的整顆橄欖、橄欖泥、鯷魚切塊、泡過水的酸豆、糖漬檸檬皮。煎煮至番茄變軟，但仍維持其形狀，一直煎煮至番茄呈現適合加入通心麵的多汁狀態。

5 將通心麵煮沸至硬度適中後取出，瀝乾之後跟蔬菜一起放入平底鍋快炒。加入羅勒之後即可盛入盤中。

6 用蜜漬檸檬皮和選用的花卉裝飾，即完成料理。

蔬菜雞油菌蘑菇餃

料理時間：1小時 ｜ 難度：容易

食材備料：4人份

餛飩皮12張

蝦夷蔥1根

鹽

醬汁材料

雞油菌蘑菇200克

胡蘿蔔25克

韭蔥25克

洋蔥25克

奶油50克

夏多內白葡萄酒（Chardonnay）50克或相似的白葡萄酒

鮮奶油200克

內餡材料

洋蔥125克

胡蘿蔔125克

韭蔥125克

櫛瓜125克

奶油125克

鹽和胡椒

作法

1 製作醬汁：將蔬菜和幾個雞油菌菇切成細丁。剩下的雞油菌菇切成薄片。

2 將切好的蔬菜放入平底鍋並加入一些奶油。

3 較硬的蔬菜先煎煮5分鐘之後，再加入切丁的雞油菌菇，之後再一起煎煮3分鐘。

4 倒入白葡萄酒並等候一會讓酒精揮發一些。加入鮮奶油並慢慢煎煮至醬汁呈現奶油狀。

5 製作內餡：將蔬菜切塊；保留櫛瓜，在表面塗抹一些鹽並靜置出水。

6 將洋蔥、韭蔥、胡蘿蔔加入奶油之後用中火煎煮15分鐘，煎煮完成之後加入櫛瓜，再煮7分鐘或更久。加入鹽和胡椒之後保存。

7 將餛飩皮在鹽水中汆燙20秒。放入裝有冷水的容器冷卻，之後將它們攤開放在乾淨的盤面上。

8 將蔬菜餡包入餛飩皮。

9 將包好的餃子放入烤箱烤1分鐘。餃子取出之後,每3個一組放入深盤中,再淋上雞油菌蘑菇和蔬菜製成的醬汁。之後用已用油快炒過的雞油菌蘑菇薄片裝飾擺盤,再加入蔥末,即完成料理

餛飩,是廣東菜的經典料理,餛飩皮的質地光滑且很輕,跟新鮮麵條相似,很容易使用。它需要的烹飪時間很短,大約20秒,如果有包內餡,則需煮4分鐘。如果嘗試蒸炊,就會變成類似燒賣的美味餐點。這份食譜是以蔬菜作內餡,再淋上用雞油菌蘑菇、蔬菜、鮮奶油和葡萄酒製作而成的醬汁,你也可以嘗試各種不同食材的組合,相信會創造出不同口味的變化。

沸煮蔬菜

「沸煮」是一種適用於所有蔬菜的烹煮方式。不過若想避免營養成分流失，使蔬菜質地達到最佳狀態，時間的掌握相當重要。

步驟

■ 準備大量的鹽水（每1公升水加入15克鹽）。水的容量須足夠，使加入蔬菜時不影響水的沸騰。

■ 當水沸騰時，將蔬菜放入。

■ 當蔬菜烹煮的熟度達到我們的需求時，迅速取出，避免其營養成分流失，導致口感和顏色變調（圖1）。

■ 若不馬上食用，可將蔬菜放入加有冰塊的冷水中冷卻，以維持其質地、味道和色澤（圖2）。

特殊情況

■ **朝鮮薊**：為防止顏色變黑，可以將它們去皮放入沸騰的水煮，並在沸水中滴入幾滴油；又或是在烹煮前，先將它們靜置於檸檬水或歐芹水中。

■ **馬鈴薯**：可以帶皮蒸煮或去皮蒸煮。若要做薯泥，通常都會去皮蒸煮，若要做燉菜或沙拉，則會帶皮一起蒸煮，以利汁液保留於馬鈴薯內部。為使馬鈴薯達到最佳熟度，可用小刀或錐子戳馬鈴薯，若很容易戳入且馬鈴薯肉質柔軟，則表示已烹煮完成。

■ **蘆筍**：它的鱗狀葉相當脆弱，在沸水中烹煮時可能會被破壞。市面上有些特殊的鍋子，是以垂直受熱的方式受熱烹煮，可用於蘆筍。烹煮莖的同時，透過水蒸氣，便可將鱗狀葉煮熟。同樣也可將莖和芽葉分開，以適合的時間分別烹煮。

蔬菜大約烹飪時間

- 菾蓬菜：最好將莖（10分鐘）和葉（2分鐘）分開煮。
- 朝鮮薊（中型）：15至30分鐘。
- 櫛瓜（1公分切片）：10至15分鐘。
- 南瓜（1公分切片）：5分鐘。
- 洋蔥：20分鐘。
- 甘藍菜：10至20分鐘。
- 抱子甘藍：15分鐘。
- 切塊花椰菜：10至15分鐘。
- 白蘆筍：20分鐘。
- 綠蘆筍：7至15分鐘。
- 菠菜：5至10分鐘。
- 豌豆：2至5分鐘（冷凍碗豆需煮20分鐘）。
- 四季豆：5至20分鐘。
- 馬鈴薯：20至40分鐘（根據大小或切割方式）。
- 甜菜根（整顆）：20至30分鐘。
- 荷蘭豆：7分鐘。
- 胡蘿蔔：15至20分鐘。

番茄蔬菜沙拉和冷湯

料理時間：1小時｜難度：容易

食材備料4人份
中型番茄4顆
百里香花1束
羊萵苣或類似的蔬菜
蔬菜材料
白蘿蔔50克
胡蘿蔔50克
南瓜50克
蘆筍12根
雞油菌蘑菇50克
鹽
冷湯材料
番茄500克
鄉村麵包40克
雪莉酒醋
特級初榨橄欖油30克
大蒜1瓣
鹽6克

4 將番茄汆燙之後去皮，去籽並將中間挖空。將切成棒狀的蔬菜、雞油菌菇、羊萵苣葉塞入番茄中空處並倒入冷湯。

5 在盤中倒入冷湯作為基底，之後將填滿蔬菜和冷湯的番茄放在正中央，並淋上幾滴特級初榨橄欖油。最後用幾朵百里香花裝飾即完成。

作法

1 準備冷湯材料，將番茄切塊並去籽，可將籽留下，最後用於裝飾。將番茄果肉和其他食材一起磨碎。將它們均勻混合之後放於冰箱保存。

2 汆燙蔬菜，將所有蔬菜切成棒狀，之後放入加鹽沸水中煮至有嚼勁。將蔬菜取出冷卻後保存。

3 將雞油菌菇切塊，並加入少許的鹽翻炒。

這是一道運用當季新鮮蔬菜為食材的美味料理，很適合夏天食用。此外，它也是一道沙拉結合冷湯的料理，一道料理便可同時品嚐兩種菜餚混合而成的風味。擺放在中心的番茄如同交響樂團的指揮家，指揮蔬菜和冷湯，演奏著味蕾的交響樂。

馬鈴薯沙拉和醃鮭魚

料理時間：2小時｜難度：容易

食材備料：4人份
馬鈴薯300克（選用適合用水燉煮的品種）
紫薯300克
醃鮭魚200克
辣芽菜一盤（蘿蔔仔芽、芥末籽芽、洋蔥芽）
<u>酸味沙拉醬材料</u>
有機優酪乳250克
鮮奶油50克
檸檬1顆
碎蒔蘿1匙
芥菜籽
鹽和胡椒

作法

1 將馬鈴薯清洗後蒸煮，若有不同品種應分開烹煮，以讓各種馬鈴薯煮熟至最佳狀態。蒸煮完成之後將它們冷卻並保存。

2 製作酸味沙拉醬：將有機優酪乳、鮮奶油、幾滴檸檬汁（也可加入一些檸檬皮切絲）、1匙蒔蘿末、1小匙芥菜籽混合，之後再加入鹽和胡椒調味。主要的目的在於將醬汁調和至微酸，但又不失乳酸的口感。

3 將醃鮭魚切成骰子狀，將馬鈴薯任意削切成不規則狀（見P.124）。

4 將馬鈴薯丁和醃鮭魚丁放入盤中，並加入優格酸味沙拉醬調味。之後加入一些辣芽菜即完成。

這道北歐風格的沙拉，可以讓我們品嚐到醃鮭魚、馬鈴薯和酸味沙拉醬結合而成的美味。辛辣爽口的芽菜零星地環繞擺放，是一道色彩鮮豔且美味的料理。

蘑菇香料栗子泥

料理時間：2小時｜難度：容易

食材備料：8人份

去皮栗子500克、帶皮栗子100克
水700克、奶油60克、號角菇20克
小雞油菌蘑菇30克、松乳菌菇30克
金針菇1小盒、石榴1顆、番薯200克
蘿蔔200克、雪維菜油(歐芹油)
紅紫蘇葉、鹽10克

作法

1 製作栗子泥：將鹽水煮沸，之後加入去皮的栗子煮10分鐘。

2 將栗子撈起之後打成泥。

3 將栗子泥過篩，不需冷卻保留備用。

4 將300克還是熱的栗子泥和奶油一起攪拌。

5 將栗子泥再過篩一次，使其質地更加綿密，之後用於鋪底。

6 用抹刀將栗子泥取出，之後放入盤中鋪底。

7 將100克的帶皮栗子烹煮至鬆軟，之後去皮切塊後保存。

8 快炒切半的雞油菌菇、切成小塊的松乳菌菇和號角菇。將金針菇切成2公分長。保存所有菇類之後擺盤。

9 將番薯放入溫度180°C烘烤至鬆軟，之後打成泥。為了使其質地呈乳狀，我們可以加入一些高湯或水，然後再過篩一次。

10 將鹽水煮沸之後放入白蘿蔔切塊，之後將它們搗碎，並適時加水，使蘿蔔呈泥狀。將它們保存。

11 將切塊的栗子、石榴籽、菇類放在用栗子泥做的基底上方，再加入一些番薯泥和蘿蔔泥，最後淋上歐芹油。

12 可使用紫蘇葉裝飾，或也可用其他香料，像是茴香或龍蒿，或芽菜，像是甜菜仔芽、或洋甘草裝飾。

沸煮肉類

用清水直接煮沸肉類並不常見，通常都是帶有醬汁、高湯或湯底一起烹煮，也就是燉菜和滷菜。這種料理方式，液體溫度維持在100℃，比使用烤箱料理的溫度還溫和，此外液體可以保護肉類，使肉類不會變乾，在食用時的湯汁也能夠搭配副餐食物（菜湯、葡萄酒、高湯等）。

話雖如此，仍是有使用清水烹煮肉類的例子，通常見於質較硬的肉，像是豬蹄或其他內臟，例如豬腸子、豬耳朵或豬嘴，但這些是屬於烹飪前置準備工作。

步驟

1 烹煮豬蹄之前，首先我們應先將豬蹄焯水，去除殘留的雜質、血漬或難聞的氣味（見P.177）。

2 燙煮完之後，將豬蹄放入水中煮2至3小時，通常會加入蔬菜、草本植物、香料一起蒸煮，並適時的去除水面的泡沫。

3 沸煮後，可更容易去骨，並根據各種食譜作法來料理豬蹄。

肉類大約烹煮時間

- 豬蹄：2至4小時。
- 牛舌：2至4小時。

刈包

料理時間：2小時 │ 難度：容易

食材備料：4人份
刈包皮20個
小黃瓜15克
紫蘇葉（自選）
<u>內餡材料</u>
五花肉400克
水400克
醬油125克
紅糖75克
韭蔥40克
洋蔥75克
肉桂棒半根
薑2克
黑胡椒籽5顆

作法

1 製作內餡，將所有的材料放入一個小鍋子，並加入已切成塊狀的蔬菜（大塊）。蓋上一張圓型烹飪紙後開始燉煮1小時，之後不濾掉汁液體，讓餡料在醬汁中冷卻。

2 冷卻後，將五花肉切塊，每塊大約50克，之後放入烤箱或微波爐加熱。

3 加熱鍋中剩餘醬汁直到變得濃稠，之後冷卻。

4 將五花肉加熱，放入熱刈包皮中（見P.218）。加入2或3片小黃瓜和肉醬汁。最後用紫蘇葉裝飾即完成。

這道有名的台灣小吃，關鍵在於肥美五花肉和清爽口感小黃瓜的協調搭配。此外，剛蒸完白胖的刈包，以及淋上濃郁的醬汁，也為這道料理增色不少。

卡爾帕喬豬蹄

料理時間：2小時 ｜ 難度：容易

食材備料：10人份

<u>烹調豬蹄材料</u>

切半豬蹄5支

胡蘿蔔150克

洋蔥150克

月桂葉半片

黑胡椒籽5顆

<u>油封蘑菇材料</u>

蘑菇200克

特級初榨橄欖油100克

胡蘿蔔75克

白蘿蔔75克

碎歐芹

<u>醬汁材料</u>

油封過蘑菇的油100克

蘑菇和煮熟的蔬菜25克

醋10克

烤松子5克

碎蔥

鹽和胡椒

作法

1 將豬蹄放進冷水中煮至沸騰，徹底去除殘留雜質、血漬或難聞氣味（見P.177）。之後關火，將豬蹄取出換水，再重覆同樣的處理過程2次。

2 將胡蘿蔔、去皮洋蔥、月桂葉、黑胡椒籽放入鍋中。煮至沸騰後將爐火關到最小。用小火燉煮4小時或至確認豬蹄已完全變軟。將豬蹄取出瀝乾，並在尚未冷卻時切塊。

3 油封蘑菇，首先將蘑菇清洗乾淨（見P.111），加入胡蘿蔔和白蘿蔔條塊用溫度約70℃至80℃的小火一起悶煮1小時。

4 當蔬菜和菇類烹飪完成之後，將它們冷卻後切塊。預留25克用於製作醬汁。

5 切一小塊豬蹄跟油封磨菇、胡蘿蔔、白蘿蔔和碎歐芹混合。

6 用一塊去骨豬蹄做為基底，並填入蘑菇和切塊蔬菜，之後用另一塊豬蹄覆蓋。用保鮮膜將豬蹄肉捲成卷狀，放入冰箱冷卻之後冷凍保存。

7 製作醬汁：將醃製蘑菇的油、醋、碎蔥、烤松子、煮熟的蔬菜混合在一起之後，加入鹽和胡椒調味。

8 將冷凍豬蹄切成厚度約0.3公分的切塊（用切片機切較容易），之後將豬蹄擺盤。

9 上菜前用烤箱或火爐將整道料理稍微加熱。最後淋上豐富的醬汁，即完成。

沸煮魚類和海鮮

沸煮魚類在過去是很常見的方式，現今改良用水煮氽燙等較溫和的方式，較能保存食材鮮味和營養。不過這些方式都可以歸類在沸煮下。

海鮮煮沸步驟

1 將海鮮放入沸水中。必須使用鹽水，甚至也可使用海水。

2 各類型海鮮煮沸的時間均不同，可以詢問商家海鮮所需烹煮的時間，海鮮尺寸的大小同樣也會影響烹煮的時間。有時只需要氽燙，以利後續其他烹調程序，有時是長時間的燉煮煮。

3 馬上食用或快速冷卻。

烹煮淡水魚（鮭魚、鯉魚⋯）有一種很特別的方式，這種方式在法文中稱作「藍色烹飪法」（au bleu），適用於處理最新鮮的魚。將魚放入

裝有醋、鹽、香草植物像是月桂葉或麝香草的鍋子中沸煮。運用這個方式，魚的表皮會慢慢變成藍色（這就是此烹飪法如此命名的原因）。

魚類和海鮮大約烹飪時間

- 螯蝦（重量500克）：6至8分鐘。
- 蜘蛛蟹：20分鐘。
- 長臂蝦：3至4分鐘。
- 白蝦：2分鐘。
- 龍蝦（重量500克）：6至8分鐘。
- 草蝦：2至3分鐘。
- 招潮蟹：5至6分鐘。
- 鬼爪螺：1小時。
- 章魚：15分鐘至1小時。

橙香鳥蛤

料理時間：1小時 │ 難度：中等

食材備料：8人份

鳥蛤500克

芥末豆芽

黑胡椒

鳥蛤檸檬醬材料

烹煮鳥蛤後的水200克

檸檬汁75克

香柑凍材料

水125克

糖25克

香柑果皮

石花菜2克

香柑果汁25克

香柑醬汁材料

香柑凍150克（之前製作好的）

特級初榨橄欖油50克

作法

1 將水煮沸後慢慢地放入鳥蛤，蚌殼開啟時迅速取出鳥蛤肉。依據蚌殼的大小，開啟的時間介於10至30秒。

2 將鳥蛤肉從蚌殼取出，並保存烹煮的水。

3 製作鳥蛤檸檬醬：將檸檬擠出果汁，跟烹煮鳥蛤的水混合後保存。

4 製作香柑凍：將糖放入水中後加熱。水沸時，將剉絲的香柑皮放入鍋中，關火之後移開火爐，蓋上鍋蓋悶15分鐘。冷卻後過濾出糖水加入石菜混合。之後再加熱至沸騰加入香柑汁並關火，放入冰箱凝固。

5 製作香柑醬汁：香柑凍加入橄欖油後慢慢攪拌打成乳狀。之後保存。

6 將鳥蛤盛入盤中。淋上鳥蛤檸檬醬並加鹽調味。加入幾滴香柑醬汁、一些磨碎的黑胡椒，和幾根芥末豆芽，即完成料理。

水煮章魚

料理時間：4小時（提前一天處理章魚）|
難度：容易

食材備料：4人份

中等或大型章魚1條
紅椒粉
紫蘇葉或任何辣豆芽
橄欖油
鹽

<u>馬鈴薯泥材料</u>

帕門迪爾馬鈴薯500克
奶油70克
特級初榨橄欖油30克
鹽6克

作法

1 如果用的是新鮮章魚，要使肉質柔軟，最好先放進冷凍庫保存，烹飪時，取出解凍後沸煮1小時。以水過濾後使之冷卻。如果用的是已煮熟且冷凍保存的章魚，最好提前一天解凍。

2 將章魚肢解，過程中會自然產生透明膠狀黏液，可將黏液保存。將頭部和腳分離（頭部可用於製作沙拉或海鮮沙拉）。將腳部均勻撒上大量的甜椒粉。

3 用保鮮膜將章魚腳包覆捲成筒狀，包覆兩層保鮮膜，使其牢牢固定。完成後冷凍保存。

4 將橄欖油、紅椒粉、鹽混合，製作紅椒油。

5 將筒狀的章魚腳切成薄片，用保鮮膜包覆，放於冷凍庫保存。

6 依烘烤過程製作馬鈴薯泥（見P.277）。同樣也可用真空烹飪方式（舒肥法）製作薯泥，將馬鈴薯、奶油、橄欖油、鹽一起放入真空料理機，溫度設定85℃，烹煮4小時。將食材從真空袋取出，一起磨碎。冷卻之後保存。

7 將馬鈴薯泥用模具塑形成半球體，放置於盤中央。

8 在薯泥球的外圍覆蓋上章魚薄片。

9 放入設定為預熱模式或烘烤模式的烤箱烘烤。

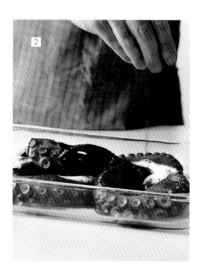

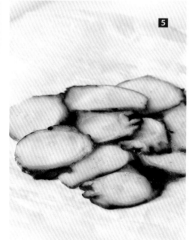

🔟 同時，將章魚的黏液用慢火加熱，並加入奶油，之後用攪拌器慢慢攪拌，直到慢慢變成濃稠的液態醬汁。

🔢 在盤子周圍灑入幾匙醬汁，用紫蘇和幾滴紅椒油裝飾後，即可上菜。

這道菜是加利西亞（Galicia）地區道地傳統小吃。我們以尊重和欽佩的態度，製作這道總是能讓我們學習新知識 和迎接新挑戰的傳統美食。

蛤蜊味噌湯

料理時間：30分鐘（加2小時烹飪前浸味） |
難度：容易

食材備料：4人份
礦泉水1公升
昆布（長寬5x5公分1片）
蛤蜊800克
紅味噌50克
白蘿蔔100克
蝦夷蔥
鹽

作法

1 用鹽覆蓋蛤蜊之後放置於冰箱1小時，以去除其雜質。

2 將切好的昆布放入裝有1公升水的容器中浸泡2小時，好讓昆布甜味都能釋放在水中。

3 將白蘿蔔切塊。

4 昆布浸泡2小時之後，將昆布和水一起倒入鍋子，並加入蛤蜊和白蘿蔔。

5 當水開始沸騰時，將昆布取出，將火關小降低溫度。

6 使用過濾器過濾味噌，防止在湯中形成塊體。

7 將湯用文火在不沸騰的情況下繼續煮大約3分鐘。加入碎蔥之後，即可食用這道熱湯。

這道料理相當容易製作，因為烹煮蛤蜊的湯汁本身就極為美味，這道湯品的味道相當特殊，特別是味噌，是一道清爽、健康且烹飪方式不繁雜的料理。

沸煮穀物

穀類烹飪的方式，取決於穀物的類型，以及個人
喜愛的口感。通常若是乾燥的穀物，因為需要煮
軟，所以會使用大量的水烹煮；如果是全穀物，
則需要更長的烹煮時間，因為其外層糠皮會阻擋
水氣進入。因此，我們必須依照穀物的類型，以
及想要獲得的質地選擇烹飪方式。可以向購買的
商家詢問所需的烹煮時間，或不斷嘗試，尋找自
己最喜歡的口感。

將穀物加入一些香味，像是加入香草束（見
P.348）、香料、蔬菜或柑橘皮一起烹煮會有不
同的效果。建議用小火慢煮，烹飪完成之後瀝乾
並迅速冷卻。食用之前可以滴入一些油並加蓋保
存，防止穀物變乾。

煮穀米

1 將適量的水加熱（每1份米使用4份水），鍋
內可加入一些鹽巴；由於穀米煮熟之後會膨脹，
因此建議使用較大的鍋子。

2 當水開始沸騰時，將穀米倒入，並適時攪拌。

3 根據穀米類型，烹煮15至20分鐘，或蒸煮至
水完全蒸發。最後將鍋蓋開啟1分鐘讓蒸氣散
出，之後用勺子攪拌一次。

穀物大約烹煮時間

- 穀米：15至20分鐘。
- 燕麥：10分鐘。
- 小麥片：15至20分鐘。
- 黑藜麥和白藜麥：12至15分鐘。

藜麥沙拉佐櫻桃和草莓

料理時間：2小時│難度：容易

食材備料：4人份

藜麥300克

草莓

櫻桃

食用花（相思樹、百里香、紫羅蘭、
接骨木）

佐料材料

青蔥50克

紅椒50克

青椒50克

葵花油160克

檸檬汁30克

鹽和胡椒

作法

1 製作佐料：將蔬菜切塊，加入葵花油和檸檬汁
之後混合，最後再加入鹽和胡椒。

2 製作藜麥：根據包裝上的烹飪指示烹煮藜麥。
通常1份藜麥需使用2份水烹煮約12分鐘。可在
水中加入蔬菜或薑調味，替藜麥增添清爽風味。

3 撈起藜麥後，浸泡在水中冷卻，更好的方式是
找個平坦容器攪拌、攤平散熱，將冷卻得更快，
冷卻後放入冰箱。

4 藜麥冰鎮後，將切碎的佐料加入，可加鹽和胡
椒，之後將它們放入一個漂亮的盤子，用幾塊草
莓和櫻桃裝飾，增添酸度和新鮮的口感。最後使
用帶有香氣的花朵裝飾即完成。

事實上藜麥不算是穀類食物，因為它不
屬於禾本科植物，它其實是一種樹的種
子。它的澱粉含量很高，所以需要用此
方式烹煮。藜麥廣泛種植於玻利維亞和
祕魯安地斯山脈地區的村落，其營養特
性被認為是神聖的果實。今日，它被認
為是提供最完善營養成分且健康的食品
之一，它提供必需胺基酸、礦物質等營
養，特別是蛋白質，含量是其他穀類的
兩倍以上，此外它不含麩質。

藜麥的烹煮方式很容易，且它的質地相
當特殊，味道相當溫和，可以跟其他食
物的味道互融合。藜麥的這些特色和品
質，值得我們用於製作日常料理。

墨魚石雞飯

料理時間：3小時 │ 難度：中等

食材備料：4人份

石雞2隻

五花肉300克

米400克

朝鮮薊2顆

磨碎成熟番茄1顆（只磨碎果肉部分）

洋蔥2顆

青椒1個

紅椒1個

蒜頭3瓣

中等墨魚1條

醬油1小匙

鹽和胡椒

橄欖油

清湯材料

石雞骨

熬湯綜合蔬菜1份

鹽7克

作法

1 製作石雞高湯，使用石雞骨頭和熬湯蔬菜，依照深色湯底食譜的製作方式（見P.324）烹飪。高湯的鹽必須加足夠。因為石雞肉湯跟米飯一起烹煮時，其容量會減少，建議每1公升的水加入7克的鹽，但宜取決於食用者的口味做調整。

2 使米入味，將石雞肉去骨並切成小塊。同樣也將五花肉切成小塊。將石雞肉跟五花肉連同米一起放入鍋內加一些橄欖油拌炒。當肉呈金黃色時，加入洋蔥、青椒、紅椒和碎大蒜一起拌炒，之後用慢火煮1個半小時，時間到時加入番茄後再煮30分鐘

3 製作米飯，清洗朝鮮薊（見P.110），將它們切成塊狀之後，用橄欖油翻炒。

4 朝鮮薊炒到呈金黃色，加入炒過的米和肉一起拌炒。

5 加入熱的石雞高湯。

6 用大火將米煮10分鐘,之後用慢火煮5分鐘(也可放入烤箱用180℃烤5分鐘)。

7 翻炒切成細條狀的墨魚。

8 將鹽、橄欖油和幾滴醬油淋在墨魚上。將做好的飯擺入盤中,並將墨魚條放於頂部即完成。

好的米可以襯托出特別的料理,石雞高湯的合宜搭配,調和不同的氣味,襯托出這道菜的美味。

古斯米優格香料烤蔬菜

料理時間：30分鐘 | 難度：容易

食材備料：4人份

胡蘿蔔2根
南瓜2顆
青蒜1把
白蘿蔔2根
菜豆、花椰菜、甘藍菜或其他當季蔬菜
橄欖油
摩洛哥綜合香料（Ras el hanout）
鹽和胡椒
<u>泡米材料</u>
古斯米240克
蔬菜高湯240克
<u>醬汁材料</u>
希臘優格250克
檸檬半顆
鮮薄荷葉
摩洛哥綜合香料

作法

1️⃣ 浸泡將古斯米，將蔬菜高湯加熱（見P.323），依個人口味加入所需的鹽。將古斯米放入碗中，當蔬菜高湯快要沸騰時，將古斯米倒入。蓋上鍋蓋讓米浸泡。5分鐘之後用叉子翻攪，使米鬆軟並冷卻。

2️⃣ 將蔬菜切割成不同形狀，放入沸水中烹煮至有嚼勁，之後馬上用加有冰塊的水冷卻。

3️⃣ 將蔬菜水分瀝乾之後用鍋子翻炒，並保存於碗中並淋上橄欖油。

4️⃣ 將蔬菜加入古斯米，之後再加入橄欖油和摩洛哥綜合香料。

5️⃣ 製作醬汁，將優格和半顆檸檬製成的檸檬汁混合，加入一些碎薄荷葉，之後用摩洛哥綜合香料調味。

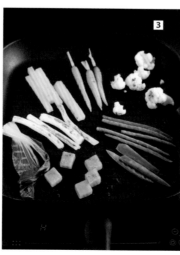

6 擺盤，用古斯米做基底，並放上炒好的蔬菜，淋上優格香料薄荷醬，即完成料理。

這道料以溫食方式呈現最理想，但根據季節和我們所想使用的烹飪方式以及喜好，它也可以製作成冷食的沙拉或一道熱食。蔬菜類的食材可根據當季食材做替換。

加壓沸煮

壓力快鍋可以讓沸點的溫度提高,加快食物蒸煮的時間。這類型的鍋子使用加蓋設計,使水蒸氣留在鍋內,其設計讓鍋內溫度上升至超過125℃以上,蒸氣才得以釋放。

這是一種加快烹飪的實用方法,特別是針對需要使用長時間烹煮的食材,但也可以用於製作濃縮高湯,像是用蝦頭熬煮的高湯,也可製作泥糜狀食物和濃湯。用壓力鍋烹煮不需大量的水,這樣食物的味道較濃郁,也可防止一般沸水烹飪時營養成分溶解於水中的情形。此外,不建議使用加壓煮沸方式烹飪肉類,因為雖然會使肉質變軟,但口感也會變柴。

加壓煮沸步驟

1 準備好所有要烹飪的食材。

2 將水倒入壓力鍋加熱,注意水量依照烹飪料理的類型而不同,例如要製作泥狀料理,水量要剛好讓食材打成泥時不至於太稀太水。

3 加入食材之後蓋上鍋蓋。烹飪時間依料理而定,時間計算是從壓力鍋散發出水蒸氣開始。

4 關掉爐火時,為了安全起見,必須等到水蒸氣停止散出時再打開鍋蓋。

5 確定鍋內已經沒有水蒸氣散出時,再打開鍋蓋,取出烹飪完成的食物。

食材加壓煮沸大約時間

- 朝鮮薊:8分鐘。
- 高湯:1至3小時。
- 豌豆:3分鐘。
- 四季豆或菜豆:5分鐘。

青醬櫛瓜濃湯

料理時間：1小時｜難度：容易

食材備料：4人份

櫛瓜600克

水100克

鮮奶油200克

馬斯卡邦尼乳酪100克(一種軟乳酪)

烤松子40克

鹽和胡椒

<u>羅勒油材料</u>

橄欖油50克

羅勒葉

作法

1 製作羅勒青醬：將較大片的羅勒葉加入橄欖油後，使用電動攪拌器絞碎，小片羅勒葉可保留之後用於裝飾。

2 將適當的水量和鹽倒入壓力鍋，放入洗好並切好的櫛瓜。自壓力鍋開始散發出蒸氣時開始計時，沸煮2分鐘。

3 關閉爐火，等到可以開啟鍋蓋時，取出櫛瓜打碎成濃湯狀。避免櫛瓜湯過稀，建議先將鍋內的湯汁保留一些，之後看情況再慢慢加入，直到達到想要的質地和濃稠程度。

4 將濃稠的櫛瓜濃湯隔水冰鎮，好保持翠綠的顏色。

5 將鹽加入鮮奶油，並跟馬斯卡邦尼乳酪一起放入攪拌機攪拌，直到均勻混合，再加入鹽和胡椒。

6 將兩匙櫛瓜濃湯盛入湯盤。在中間放入一匙馬斯卡邦尼奶油泥，並淋上青醬，最後以蘿勒葉點綴擺盤。

這是一道相當簡單的料理，其附加價值是可以快速烹飪，並品嚐到食品中的所有物質。使用青醬和馬斯卡邦尼乳酪調味，也賦予這道簡單料理獨特的香氣和質地。

運用蒸氣的烹煮方式

蒸烹的烹調方式一般認為是能夠保留食物營養成分的方式，所需烹煮時間短，卻能保留食物本身的香氣和味道。

烹飪火候	⬛ 強調風味的濃郁
相近烹調方法	舒肥法、沸煮 隔水加熱

運用水蒸氣加熱，是一種能夠充分強調並展現食材特性的烹調法。此方法不僅可以鎖住食物中原始氣味和營養成分，更讓人稱讚的是它是一種完全無油的料理。食物的原汁原液在蒸煮過程中不逸失，口感滑潤多汁，其加熱溫度為攝氏100℃上下。

這種蒸烹方法從前只用來做飲食療法，而非視為日常料理方式，然而隨著大眾對飲食有更多知識，期望獲得更多食物營養；同時多種烹調家電和產品應運而生，例如舒肥機或是真空包裝袋的發明，讓調理步驟更簡單，因此讓蒸烹法在時下大為流行。

一般而言，廚師會針對味道較清淡的食材，如蔬菜或魚類，使用蒸烹法烹煮。蒸烹過程自然萃取出的食物原汁原液會再次加強食物的香氣，而油脂在吸收香氣的效果會比瘦肉來的好，所以油花豐富的魚類，像是青花魚吸收香氣效果就很好，很適合此類方法。

專業廚師，還有越來越多的家庭煮婦煮夫們，會使用「蒸烤箱」：同時具備蒸烹和烘烤功能，特點在於能均勻加熱食物。蒸烤箱的溫度可調節在攝氏40-130℃之間，一般沒有設備幫助的家庭廚房無法控制低溫蒸煮，這也是蒸烤箱的優點。

步驟

1 準備好所有要烹飪的食材。

2 把蒸籠或蒸氣鍋（電鍋）等要用於蒸氣烹飪的特定容器放上火爐。在底層倒入水（也可以倒入清湯或高湯），甚至也可加入酒調味，像是甜型或干型的雪莉酒。

3 以另外的容器裝盛食材，再放入蒸鍋，使之與加熱液體分開。

4 最後蓋上鍋蓋，依照每種料理所需的烹飪時間開始蒸炊。

雪莉風味蒸鯖魚

料理時間：1小時｜難度：容易

食材備料：4人份
中型鯖魚4條
甜型雪莉酒（Montilla 2）250克
烤榛果10克
小牛肝菌菇1個（或小蘑菇1個）
檸檬1顆
橘皮蜜餞

<u>味噌材料</u>
味噌10克
蔬菜高湯50克
初榨橄欖油

作法

1 為了能讓菜餚能熱騰騰地上桌，食材的準備就緒相當重要烹飪前應確認所有食材都已處理好。先將烤榛果切碎，再將橘皮蜜餞切絲，然後把一些橘子皮加入橄欖油一起磨碎成泥狀，並加入蔬菜高湯，調味至想要的味道。

2 製作味噌淋汁：將蔬菜高湯加熱，將穀物加入時溫度不能太高。加入少許的橄欖油使高湯呈乳狀。

3 將菇類切片。

4 在蒸氣鍋內倒入雪莉甜酒，將鯖魚的背脊肉放於蒸氣鍋的蒸籠，烹煮2分鐘。

5 將剛烹煮完成的鯖魚盛盤，並迅速地放上配料，包括榛子、味噌淋汁、幾片牛肝菌菇或蘑菇切片、醃橘子皮切片和橘皮泥。最後加入橄欖油和一點檸檬渣汁，即完成料理。

一道充滿多種香氣的料理，用雪莉甜酒透過蒸熏的方式讓鯖魚入味，品嘗魚肉時將很明顯感受到雪莉酒經典的烤橘子、堅果甚至土壤的風味。

---

2 mantilla moriles產區主要生產甜型雪莉酒。

蒸刈包皮（饅頭）

料理時間：1小時30分鐘｜難度：中等

食材備料：4人份

水25克

活酵母6克

酵母粉2克

麵粉125克

糖10克

牛奶45克

葵花油12克

鹽1克

作法

1 將新鮮酵母和溫水混合。

2 將麵粉、糖、鹽一起混合堆積成火山錐狀，在中間加入牛奶、油、跟水混合的活酵母和酵母粉。

3 不斷搓揉直到形成表面光滑的麵團。

4 將麵團放進一個碗中上方覆蓋挖了幾個洞的保鮮膜，以利麵團發酵和呼吸，靜置1小時。

5 將麵團搓揉，並分割成小圓球狀。

6 用桿麵棍反覆將麵團桿壓，之後放在饅頭紙上。在麵團表面塗上油，並將麵團對摺（塗油防止黏麵團黏在一起）。

7 將製作好的用蒸氣烹飪5分鐘，完成後就可添加內餡。

剛蒸炊出來的刈包饅頭，質地膨鬆柔軟，口感和硬的歐式麵包很不一樣，還可跟其他醬料結合，做出不同的口味。

可以將它們冷凍保存，在任何時候想吃，可以在蒸炊過或使用微波爐加熱，快速且方便。可塗上喜歡的醬汁，或是夾入諸如松露、蘑菇、朝鮮薊等任何喜歡的餡料。膨鬆且細緻的刈包饅頭襯托餡料的美味。

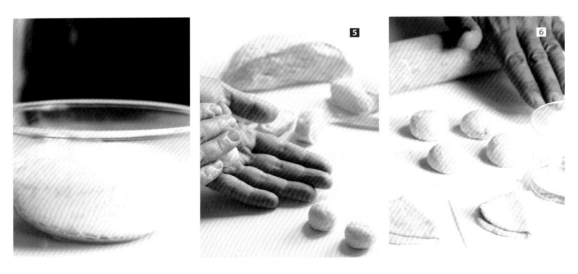

蘑菇蛋黃醬奶油麵包

料理時間：2小時（加6小時靜置時間）|

難度：中等

食材備料：4人份

奶油麵包材料

糖30克、牛奶25克、蛋2顆酵母粉12克
麵粉250克、奶油125克、鹽3克

蘑菇蛋黃醬材料

蛋黃1顆、水10克、初榨橄欖油100克
蘑菇100克、鹽

作法

1 製作奶油麵包，用打蛋器將牛奶、雞蛋、糖、酵母粉、鹽混合。

2 分兩次將麵粉加入混合，用叉子或湯匙攪拌均勻，之後加入一些奶油，或用叉子或打蛋器攪拌至想要的質地。

3 不斷搓揉麵團，直到麵團光滑有彈性，且容易從容器取出。

4 將麵團放到碗內，並放於冰箱靜置6小時。

5 將麵團從冰箱取出，切成每塊6克的麵團，並揉成球狀。放到烤箱托盤並放入烤箱用40℃烘烤40分鐘，之後放進冰箱保存。

6 製作蘑菇蛋黃醬，根據食譜的步驟製作（見P.329）。保留一些蘑菇用於裝飾。

7 將奶油麵包放入蒸籠蒸煮20分鐘。

8 烹飪完成後，用甜點製作用的擠花袋將蘑菇蛋黃醬填入麵包卷，之後用留下的磨菇切片裝飾即完成。

奶油蘑菇蛋黃醬替奶油麵包增添了相當特別的口感。我們可以依自己的喜好製作醬料，可以加入松露、蘑菇、朝鮮薊、草本植物等。

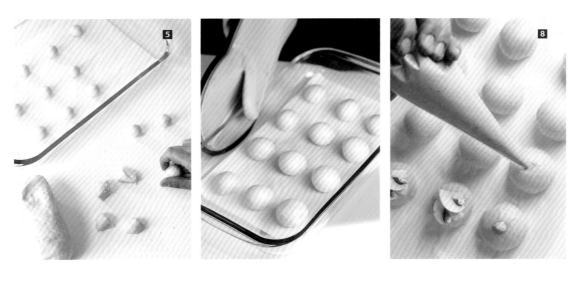

百香果布丁與椰子慕斯

時間：2小時（加6小時靜置時間）│難度：容易

食材備料：8人份

百香果布丁材料
百香果160克、糖475克
蛋黃316克、蛋白53克

糖水材料
糖60克、水60克

椰子慕斯材料
椰子奶250克、鮮奶油100克
糖漿100克

百香果醬材料
百香果泥300克、糖50克
黃原膠1克

作法

1 製作百香果布丁，將糖和水果混合，並加熱烹煮至120℃使其融合變成糖糊。靜置一段時間讓糖糊冷卻。

2 將蛋白和蛋黃用攪拌器攪拌，並逐漸加入糖糊。溫度不可太高，防止蛋凝固。

3 將一些烘培用模型杯塗上一些糖糊，之後將混合物倒入。

4 將百香果糖糊用蒸氣烹飪10分鐘。在蒸籠上方覆蓋保鮮膜。

5 用刀子戳判斷熟度是否足夠，如果刀子抽出時是乾淨的，則表示熟度已足夠。冷卻之後，將百香果布丁放入冰箱靜置至少6小時。

6 製作糖水，將糖水煮沸之後保存備用。

7 製作椰子慕斯材料，將椰子奶、鮮奶油、糖水混合並過濾，之後將混合物倒入虹吸瓶，使用2枚氣彈充氣，之後放入冰箱冷卻。

8 製作百香果醬，使用電動攪拌器將百香果泥（可買現成的）、糖、黃原膠一起絞碎。將混合物過濾之後保存。

9 最後，將百香果布丁放入盤子，倒入一些百香果醬，用虹吸擠花瓶擠出一些椰子慕斯，即完成。

隔水加熱

温和且細膩的烹飪方式，為製作甜品和糕點使用的最佳技術，但也有其他不同用法。為時下流行的低温烹飪方式之一。

烹飪火候	⬚ 強調風味的濃郁
相近烹調方法	舒肥法 低温烹調

隔水加熱烹飪時，水扮演著重要的角色，跟蒸氣烹飪法相似，食物不會直接跟水接觸，而是採用間接加熱的方式，烹煮溫度不超過100℃。這種間接烹飪的方式使直火的熱量更柔和，因此食物的質地也會較綿密；不過其中當然也會取決於爐火強度和攪動速度。此外，這種烹飪方式可以防止雞蛋凝固，適合製作布丁、炒蛋和其他乳狀食物，也是英式奶油醬跟荷蘭式奶油醬的最佳方法。

製作布丁時，應該控制好爐火溫度，防止水沸騰。避免布丁產生孔洞，也可防止烹飪得太乾。

這個烹飪方式同樣也可用於加熱醬汁、泥狀食物、燉菜，也是保溫食物至食用的方式，不讓食物變乾也不讓食物凝固。

步驟

1 準備好所有食材。

2 將食材放入烹飪用的容器（小長柄鍋、碗或布丁杯）。

3 將容器浸入另一個已盛水的較大烹飪容器（小鍋子、陶鍋或烤盤）。

4 將容器放入烤箱或火爐開始烹飪，依製作料理所需溫度和時間烹飪。

鱒魚卵香料葉炒蛋

料理時間：20分鐘 ｜ 難度：容易

食材備料：4人份

蛋12顆

鮮奶油120克

鱒魚卵90克

鄉村麵包

橄欖油

歐芹葉、茴香葉、龍蒿葉

鹽

胡椒

作法

1 將香料葉剁碎，但留一些完整葉片用於最後擺盤裝飾。

2 用攪拌器將蛋和鮮奶油混合，並加入鹽和胡椒調味，之後加入剁碎的香料葉。

3 將麵包切成薄片，滴入幾滴油，放入烤箱用180℃烘烤。

4 將混合好的蛋液放入可隔水加熱的容器。烹煮時不斷攪拌，直到蛋液逐漸形成奶油狀。

5 炒蛋完成之後馬上盛到盤中，並加入烤麵包和鱒魚卵，用香料葉裝飾即完成料理。

製作奶油狀的炒蛋需要一些耐心，以小火慢慢烹煮，防止蛋凝固。烹飪完成的料理相當美味，是一道簡單的方式就可以烹飪出非常美味的料理。

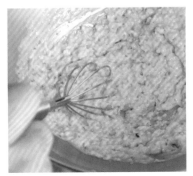

杏桃佐香草奶油布丁

料理時間：2小時（加12小時靜置時間）|

難度：容易

食材備料：8人份

鮮奶油375克

牛奶125克

1顆全蛋和5顆蛋黃

糖150克

香草豆莢2根

檸檬馬鞭草

杏子醬材料

杏桃1顆

糖100克

水100克

作法

1 將牛奶、鮮奶油和已切半的香草豆莢一起加熱。水快沸騰時關掉爐火。

2 將香草豆莢剝開取出籽，將籽加入熱牛奶。

3 將一顆雞蛋和其他蛋黃加入糖之後，用打蛋器攪拌，再加入溫牛奶。

4 將混合物倒入幾個布丁杯，並放入用於隔水加熱的鍋子或爐裡，用120℃加熱大約45分鐘。用來加熱的水必須是熱水，以掌握正確的烹飪時間。可使用刀子戳入奶油確認其熟度是否已足夠。若刀子抽出來時是乾淨的，表示奶糊已凝固，就可以將布丁取出。

5 冷卻之後，將布丁放入冰箱靜置12小時。

6 製作杏桃醬：將杏桃子丁並用糖水煮10分鐘。冷卻後保存。

7 將香草奶油布丁放入湯盤，在頂部灑白糖，並用煤氣噴槍炙燒或熱鍋鏟燙一下。最後加入杏桃醬，用香料葉裝飾，即完成料理

成品介於液態奶油和固態布丁之間，
這綿密口感的訣竅在於，香草奶油使
用隔水加熱的溫度較一般爐烤的溫度
低。低溫烹飪是一種新的趨勢，越來
越多的烹飪者使用這種方式烹飪，不
但可保留食材的原味，亦可取得更好
的口感。這道甜點跟傳統法式焦糖布
丁極為相似，但使用美味爽口的杏子
醬，取代鮮奶油和焦糖。

燒燉

特別適合厚度較厚且肉質較硬的肉類食材，當然也可運用在其他類食材。不過燒燉必須結合另一種烹飪方式，以便在烹飪時調整其味道和質地。

烹飪火候	←┼→ 混合火候
相近烹飪方式	燒烤、燉煮 悶煮

燒燉起源於法國，是結合烹前置處理技術和調理技巧的一種烹飪方式。首先把食物煎成黃色，再用小火慢慢燉煮。第一道烹飪程序通常用於處理肉類，單獨或加些肥油，一起以大火煎或火烤，第二道程序則會加入蔬菜切塊，與液體一起燉煮，液體可以是水、高湯或是葡萄酒。

由此可見，這是一種混合的烹飪方式，它必須先迅速地乾煮，之後再用液體長時間慢煮；烹煮的同時，食材的味道便可透過長時間的燉煮，和其他食材結合產生變化。

步驟

1 準備好所有需要的食材。

2 將油加入食材之後，用高溫快速乾煎並調味（或提前醃泡，見P.144），將事先準備、綑綁好的肉品放入先用烤爐烤至表面金黃、或用於燉煮的低砂鍋（附有蓋子）或其他適合的鍋子，用大火先 將食物煎到表面金黃。

3 加入用於熬煮的綜合蔬菜，中火炒至全熟。

4 加入年份較短的白葡萄酒，用中火烹煮。

5 加入液態食材（根據烹飪料理類型，加入湯底），蓋上鍋蓋後，用小火慢煮，直到肉質軟嫩。

6 將肉取出分離，濾掉蔬菜，或可將蔬菜併其湯汁一起打碎。

7 肉類冷卻後切割，因為肉類還熱時切割很容易破壞外觀，切完之後再放進鍋內或是放到烤箱的烤盤，跟醬汁一起用小火煮。

紅酒燉牛肉蔬菜

料理時間：4小時 | 難度：容易

食材備料：4人份

牛肉1塊
洋蔥2顆
胡蘿蔔2根
韭蔥半根
芹菜1把
大蒜6顆
成熟番茄3顆
紅葡萄酒300克
橄欖油200克
黑湯底或白湯底2公升
鹽和胡椒

副餐配菜

菇類200克、珍珠洋蔥32克
胡蘿蔔200克、白蘿蔔200克
菜豆200克

碎料

烤杏仁70克、歐芹1束
大蒜2顆、油10克、水50克

作法

1 綑綁牛肉塊。如果牛肉塊很大，可切割成兩小塊分別綑綁。

2 加鹽和胡椒調味（或用濃度10%的鹽水醃泡1小時，見P.144），之後煎至肉色變成漂亮的金黃色。

3 準備好要燉湯的蔬菜切塊（切成大塊），在肉塊變成金黃色時加入一併翻炒至全熟。

4 加入紅酒燉煮，持續到讓大部分紅酒蒸發掉。

5 加入熱高湯，蓋上鍋蓋繼續蒸煮大約1小時。烹飪結束後，查看牛肉的軟度是否符合需求。如果符合，可將牛肉從高湯取出，並讓它冷卻。將過濾掉高湯內的雜質和油脂，保留後續使用。

6 製作副餐配菜，將胡蘿蔔、白蘿蔔、菜豆切成條狀，汆燙後保留後續使用。

7 將珍珠洋蔥去皮之後，油封烹煮30分鐘，直到幾乎全熟。

8 將菇類切片，留下一些，其他全部翻炒過。

9 製作碎料，用攪拌器將所有的材料絞碎。

10 將冷卻的肉塊切成1公分薄片，放入砂鍋。將肉浸於高湯中，加入蔬菜後燉煮30分鐘。加入鹽和胡椒調味，最後加入碎料，即完成。

一道好的料理，是以經典的烹飪方式為基礎，匯聚流傳好幾世代的味道和經驗。學習這類型烹飪方式的過程，並瞭解每個步驟的處理程序，是相當重要的。瞭解每個步驟，從食材選擇到使用容器，都是任何一位好廚師必須認真去學習的。

燉煮

以小火慢煮，同時蓋緊鍋蓋，防止蒸氣和食物的氣味逸失，是需要長時間烹煮之肉類最理想的烹飪方式。煮好的肉類在盛盤時再淋上醬汁，色香味俱全。

烹飪火候	⊞ 混合火候
相近烹飪方式	燒燉

燉煮的方式有很多種，每一種都有許多變化。理論上，這種方式是直接將生食放入鍋內烹煮，在西班牙的飲食文化中，很多廚師用這個方式來燉肉，將液體慢慢煮成溫和的醬汁。而在燉煮前，還可先將食材裹麵粉油煎至金黃色。

燉煮是用溫和的方式，輕微地沸煮，通常都會加上蓋子，鍋內液體蒸發至鍋頂匯集之後，會重新流回鍋內食材中，不讓任何一滴汁液流失。

燉煮經常會加入蔬菜，若想讓蔬菜也成為料理的主角，可將蔬菜食材切成條狀，放入鍋內跟肉品一起煮。譬如「田園燉法」便是指加入馬鈴薯、胡蘿蔔和菇類等蔬菜；若是加入豌豆，則稱「聖日耳曼燉法」（Saint Germain）；相反地，若只想要讓蔬菜當副餐配菜，不影響肉的主調味，則可等到肉品烹飪完成時，再將蔬菜加入。

燉煮打獵捕獲的動物肉塊時，得先將肉浸軟，並可將浸肉的液體用於燉煮。

步驟
1 準備好所有需要的食材。
2 將要煮的食材加入鹽和胡椒調味，裹麵粉並油煎成金黃色。
3 加入蔬菜或其他可做為基底的調味汁（見P.350），用微火慢煮
4 加入葡萄酒，繼續慢煮以降低葡萄酒的酸度。
5 加入其他液體，像是高湯、湯底或水一起燉煮。
6 用小火慢煮，並加入我們想要作為副餐配菜的燉料。必須計算好加入燉料的適合時間，以確保食材能煮熟。
7 可加入磨碎的香料或香草植物等調味料，可改變食物的味道和質地，另外也能加入不需長時間烹飪食物，例如香腸、蔬菜和海鮮。

經典燉煮方式

■ **燉野肉**：用於燉煮打獵捕獲動物的肉，像是野
豬或野兔，醬汁通常會使用動物的肝臟或血液製
作。雖然現在幾乎已經沒人使用肝臟或血液做為
醬汁，但燉煮這類型的肉類時，我們仍繼續使用
這個名稱。

■ **匈牙利燉湯**：原本是一種湯，其特色是加入匈
牙利紅椒粉燉煮，為這道料理的主角。

■ **燉羊肉**：羊肉包括羊蹄，特色是加上馬鈴薯和
當季蔬菜燉煮，幾乎都會加入白蘿蔔，為這道料
理的副餐配菜。需依照燉煮的步驟烹飪，但某些
時候也會結合烤箱烹飪。

■ **肉醬**：源自義大利，適用於所有類型的燉煮，
包括紅肉、禽類肉、獵物肉、魚肉、蔬菜。

洋蔥燉野豬肉

料理時間：5小時（醃製5至7天）｜難度：中等

食材備料：4人份

醃製材料

野豬肩胛肉1公斤、洋蔥100克
胡蘿蔔100克、韭蔥100克
芹菜100克、白葡萄酒1公升
蒜頭1顆、黑胡椒籽和白胡椒籽
月桂、檸檬1顆
丁香、1法式香草束2

微火慢煮和翻炒材料

油200克、麵粉200克
高湯21克、珍珠洋蔥40克
鹽和胡椒

碎料

大蒜2顆、烤杏仁70克、歐芹1束
油10克、水50克

---

2 現成搭配好的香草束，有點類似台灣滷包的作用。

作法

1 醃泡豬肉，將野豬肉切成塊狀，放入裝有葡萄酒、切塊蔬菜、大蒜、胡椒籽、月桂、高湯、檸檬、香草束的容器中醃製1星期（如果野豬肉質較嫩，醃製時間可以縮短）。醃製完成之後，過濾並將液體、野豬肉、蔬菜分開保存。

2 用油燜慢煮蔬菜，當蔬菜煮熟時，將醃泡過的液體倒入，並繼續烹煮。

3 將高湯加入蔬菜，並繼續烹煮20分鐘。將蔬菜過濾，並留下烹飪的液體。

4 微火慢煮和翻炒，將鹽和胡椒加入野豬肉調味，裹麵粉之後加入適量的油，用平底鍋快煎。

5 將豬肉放入砂鍋且不加油，將保留的烹飪液體倒入，慢火煮2小時，可依肉的硬度調整時間。

6 製作碎料，豬肉在烹煮時，將大蒜、烤杏仁、歐芹用電動攪拌器絞碎，並加入水和油。

7 將珍珠洋蔥汆燙之後去皮，再大火清炒，放入
已燉煮2小時的燉煮鍋。

8 將珍珠洋蔥燉煮30分鐘。

9 最後，加入兩湯匙的碎杏仁，用鹽和胡椒調味
之後即可食用。

大膽使用經典的燉煮方式料理。經過長
時間醃製的豬肉，再以溫和的方式烹
煮，耐心地等待，最後將獲得一道充滿
智慧和傳統的特別料理。事實上，烹飪
方式的差異不在於舊或新，而是好或
壞。在西班牙傳統經典料理中，這道洋
蔥燉野豬肉是非常具有代表性的。

白豆蒜苗燉五花肉

料理時間：1小時 │ 難度：容易

食材備料：4人份

新鮮白豆600克

蒜苗1把

豬五花生肉100克

橄欖油100克

熟番茄1個（大）

去骨熟豬蹄肉100克

西班牙香腸100克

蝦夷蔥1根

鹽

作法

1 將新鮮白豆放入鹽水中沸煮20分鐘後撈起，並先保留煮過的鹽水。

2 將五花肉切成條狀放入鍋中，加入切成條狀長約5公分的蒜苗和油，用小火燜煮15分鐘。

3 將切好的番茄丁放入鍋中，繼續燜煮至少15分鐘。

4 加入瀝乾的白豆、西班牙香腸、切塊的熟豬蹄之後，一起燜煮2分鐘。

5 加入稍早烹煮白豆留下的鹽水，並繼續燜煮5分鐘。

6 最後用碎蔥裝飾，即完成料理。

新鮮尚未乾燥的白豆，是非常美味的蔬菜食材，可依照自己喜歡的方式，用橄欖油油燜或用滾水燉煮，來發掘這個無論是味道和質地都相當美妙的食物。

油炸

油炸具有保留食物美味的驚人能力，有時甚至能達到食物香脆多汁的完美融合，雖然油炸只能表現酥脆口感，但也足夠使人食指大動，胃口全開。

烹飪火候	✖	強調風味的濃郁
相近烹飪方式		燜煮、裹粉油炸 油煎、快炒。

高溫油炸的溫度介於160℃至180℃之間，透過這樣的方式，可讓食物表面達到金黃酥脆口感，內部則維持鮮味多汁，在某些情況下，也可用來除去食物的水分。

油炸時，必須將油加熱至適當的溫度，以免食材吸取過多的油脂。特別要注意使用的油品種類及油炸器具，例如油炸機、平底鍋或單柄鍋，這些因素都會影響油溫。若想達到油溫的準確度，建議可以使用烹飪用溫度計測量油溫，以便掌控溫度及所需的加熱時間，當溫度達到需求標準時，即可油炸食材。

乾炸

將食材直接丟入熱好油的鍋具內油炸，此種方式經常用於煎蛋。油是非常好的導熱體，也會讓食材脫水，因此必須恰當掌控烹調的時間。高溫油炸不僅能夠讓食材表層金黃酥脆，內部卻保留鮮嫩口感，例如油炸馬鈴薯或番薯；此外還能透過油炸方式增加酥脆口感，例如油炸蔬菜脆片。

酥炸

我們也能將食材裹粉油炸，例如裹上麵包粉或是雞蛋麵糊，能在表層保護食物水分不因高熱散失，也能鎖住食材內部的鮮味多汁。

無論是烹調安達魯西亞炸花枝圈、洋蔥圈或是炸蔬菜，都可以用麵粉、硬小麥麵粉、麵包粉和餅皮製作。製作炸花枝圈、炸鱈魚球、炸肉球或是天婦羅，可用麵粉和雞蛋調成麵糊，包裹食材後下鍋油炸。還有其他可用來包裹食材的，像是餡餅皮、餛飩皮或酥皮。

少油油炸食品

我們可以用平底鍋來油煎食材，避免使用太多油，這樣的烹飪方式比較溫和，透過慢火油煎的方式烹調，翻煎食材兩面，但要注意油溫，避免食物焦黑。

此外，也可用奶油來取代一般油品，但為了要避免食物焦黑，得先把奶油加熱融化，因為融化後液態奶油，油溫能夠達到180℃，若是室溫下固態的奶油，油溫只能達到介於140℃至160℃。

步驟

1 準備好所有需要的食材。

2 將油加熱160℃至180℃。

3 溫度達到標準時方可將食材下鍋，可視情況將食材翻面，或是翻動鍋具達到均衡油炸效果。

4 食材煮熟時方可起鍋，之後將油炸好的食材放在吸油紙上，吸取過多油脂。

油炸注意事項

■ **將油加熱至適當溫度**：油的溫度相當重要，油溫需視食材、油品以及鍋具而定，介於160℃至180℃之間。

■ **計算分次下鍋數量**：不應將所有食材同時丟入油鍋內，必須慢慢下鍋，如果一起下鍋，過多的食材會使油溫降低，易吸取過多油脂，無法達到酥脆口感。

■ **善用油炸油**：油炸過的油可視情況再使用，但要注意，食材產生的水分和雜質以及油溫，都會使油品變質或氧化，造成品質不佳，同時也縮短油品的可用性。

■ **勿蓋上鍋蓋**：油炸時不可蓋上鍋蓋，因為水蒸氣會破壞油的品質，也不可在食材一起鍋時就用東西覆蓋，這樣會使油炸食物變軟。

■ **其他注意事項**：切忌將水直接倒入滾燙的油鍋或是平底鍋進行冷卻。若不慎發生此情形，請立刻將鍋具遠離火源，並用鍋蓋蓋住，避免與空氣接觸。

油炸菩蓬葉捲沙丁魚脆餅

料理時間：30分鐘｜難度：容易

食材備料：4人份

沙丁魚排12片

羅勒12片

麵餅皮或酥皮4片

葵花油50克

檸檬

胡椒

作法

1 將沙丁魚排浸泡在冷鹽水中5分鐘，水跟鹽的比例為1：10（見P.144）。

2 將50克的葵花油加入些許檸檬汁與胡椒攪拌。

3 先把沙丁魚排水分吸乾，準備一個淺盤，加入剛剛混合好的葵花油與檸檬汁，將沙丁魚排放入淺盤內，油封30分鐘。

4 一片沙丁魚排搭配一片羅勒，然後再用餡餅皮或是酥皮將沙丁魚排及羅勒包捲起來，接著在外皮上沾點水黏起，避免油炸時餅皮散開。

5 將油倒入平底鍋並加熱至180℃，然後放入沙丁魚排捲餅。

6 將沙丁魚捲餅皮炸至漂亮的金黃色時，將沙丁魚捲餅起鍋，放置吸油紙上將多餘的油脂吸乾，接著灑上檸檬皮細屑後，盡快上桌享用。

這道菜可以當開胃菜與大家共享，料理方式簡單容易上手，色香味俱全，無論是開胃菜或主食，都是相當理想的料理。

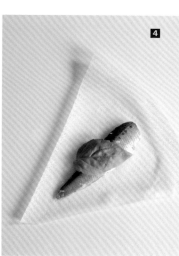

酥炸洋蔥花佐小黃瓜優格醬及美乃滋黃辣椒醬

料理時間：1小時 ｜ 難度：中等

食材備料：4人份

大顆甜洋蔥1顆、葵花油300克
麵粉200克、紅椒粉10克
咖哩粉10克、胡椒5克

小黃瓜優格醬材料

希臘優格1個、薄荷10克
小黃瓜10克、鹽巴、胡椒

美乃滋黃辣椒醬材料

美乃滋100克、黃辣椒醬15克

作法

1 小黃瓜優格醬作法：將希臘優格、薄荷碎片及切成碎丁狀的小黃瓜攪拌，灑鹽及胡椒調味。

2 美乃滋黃辣椒醬作法：將美乃滋與黃辣椒醬均勻攪拌。

3 接著將洋蔥去皮，但不破壞內部各層，將洋蔥切八刀，就會形成16個花瓣狀，在切洋蔥時不用一刀到底，這樣洋蔥才不會整顆散開。

4 將洋蔥放冰水靜置1個小時，然後把水倒掉，將洋蔥撈起。

5 將麵粉、紅椒粉、咖哩粉以及胡椒攪勻，形成香料麵粉，接著再將它均勻灑在洋蔥花上。

6 將葵花油倒入適當大小的鍋具，然後開始酥炸洋蔥，油必須淹過整個洋蔥花。

7 酥炸好後將洋蔥從油鍋內撈起，放置在吸油紙上吸取過多油脂。

8 將炸好的洋蔥擺盤，並且準備小黃瓜優格醬與美乃滋辣椒醬。享用時撕下洋蔥片沾醬搭配著吃，呈現洋蔥最佳風味。

這道料理不僅能滿足您的味蕾，也能讓您在烹飪過程中享受許多樂趣。炸洋蔥搭配清涼口感的青瓜酸乳酪醬以及嗆辣口感的美乃滋辣椒醬，肯定能為您帶來與眾不同的獨特風味。

椒鹽迷迭香黃金炸番薯條

料理時間：**30**分鐘 │ 難度：容易

食材備料：4人份

番薯500公克

葵花油、胡椒鹽、新鮮迷迭香

作法

1 將番薯去皮，然後切成條狀。

2 將迷迭香葉切成碎片，與胡椒鹽攪拌均勻。

3 將番薯條放入油溫180℃的鍋內油炸直至呈現金黃色。

4 用漏勺將番薯從平底鍋內撈起，然後放置吸油紙上吸取過多油脂。

5 灑上迷迭香胡椒鹽後即可上桌。

黃金炸番薯就如同油炸馬鈴薯一樣可口，它的美味能夠獨撐大局，也能當配角用來裝飾各種料理，或是當開胃菜，都是最佳選擇。此外，胡椒鹽與迷迭香的味道也能均衡番薯本身的甜味，在甜與鹹這兩種不同味道裡達到完美的平衡，亦可換成其他不同種的口味，例如咖哩胡椒粉或薑鹽粉，都是不錯的選擇。

蔬菜水果香酥薄片

料理時間：30分鐘 │ 難度：容易

食材備料：4人份

馬鈴薯1顆、紫薯2顆、番薯1顆
胡蘿蔔1根、白蘿蔔1顆、木薯1根
甜菜根1顆、香蕉1根、蘋果1顆
西洋梨1顆、鹽

作法

1 將蔬菜切成超薄薄片，接著將蔬菜薄片洗淨並吸乾水分，避免油炸時熱油四濺，同時也能避免水分讓薄片變軟。

2 將油加熱至160℃至180℃，將蔬菜及水果薄片慢慢放入油鍋內油炸，記得要擺放蔬菜時要留些空間避免沾黏。同時也要注意油的溫度，油溫太高會使食材焦黑，反之，若油溫不夠，食材則不夠酥脆，溫度過高或過低都會使蔬菜水果薄片口感不佳。

3 油炸時記得要用漏勺翻動蔬菜水果薄片，當薄片呈現金黃色，且浮起在炸油表面時，就可以撈起。用漏勺將薄片撈起瀝油，然後放在吸油紙上，灑點鹽巴調味後便可保存。

這些一口一片的食物相當美味，真的會讓人一口接一口，除了當零食外，也可以拿來當配菜副餐。在介紹如何油炸出美味又可口的香酥蔬菜水果薄片的同時，你也可以學會如何去除食材水分，並且做出擁有酥脆口感的料理（見P.173）。

蔬菜天婦羅

料理時間：**30**分鐘 │ 難度：容易

食材備料：4人份

紅椒75克

蘆筍75克

青蔥75克

荷蘭豆75克

煙燻茄子75克

麵粉200克

天婦羅材料

冰塊加水100克

蛋黃15克

麵粉45克

鹽2克

作法

1 將蔬菜切成條狀，除了上述食材之外，也能換成櫛瓜、南瓜、白蘿蔔或高麗菜，可根據各種蔬菜的特色來創造出此道料理的多樣性。蘆筍切條、紅椒切絲、洋蔥切成圈狀、荷蘭豆則保留完整豆莢或是折成段，另外將茄子切片，但是不要把頭部切斷，好形成扇子形狀。

2 準備天婦羅麵糊時，先將冰塊從水中撈起，然後再將所有麵糊材料加入水中。開始先將蛋黃倒入冰水中，接著灑鹽調味。接著倒入麵粉慢慢攪拌，若攪拌過程中出現塊狀物，是因為冰水的關係而造成的，屬正常現象。請勿過度攪拌天婦羅麵糊，才能達到酥脆口感。

3 將蔬菜灑上麵粉。

4 將油倒入平底鍋或是單柄深鍋內，加熱至約180℃左右。

5 將蔬菜裹上天婦羅麵糊，然後放入熱好油的鍋內，酥炸至呈現金黃色及表皮酥脆時，方可瀝油起鍋，放置吸油紙上吸取過多油脂，可搭配醬油或是檸檬跟鹽，備妥後即可上桌。

炸蘆筍佐墨汁綜合醬

料理時間：30分鐘｜難度：容易

食材備料：4人份

蘆筍24根

麵粉10克

酵母粉2.5克

雞蛋1顆

水25克

墨魚或是魷魚墨汁囊袋1個

葵花油

鹽

羅米斯科醬（Romesco Sauce，見 P.250）

作法

1 將麵粉、雞蛋、酵母粉、水、鹽巴和墨汁混合攪拌，可使用攪拌器幫助攪拌，讓混合物攪拌起來更均勻，切記一定要完全攪拌均勻，並且放置幾個小時讓酵母粉發酵，讓整個麵團呈現蓬鬆狀，因為這正是讓料理油炸後酥脆可口的祕方。

2 將蘆筍莖去皮，然後撒上些許麵粉。

3 接著，將蘆筍沾上先前拌好的麵糊，準備下鍋酥炸。

4 將油加熱至大約170℃，然後將蘆筍放入油鍋油炸，下鍋時請小心，避免被熱油燙傷，油炸至呈現酥脆狀即可起鍋，放置吸油紙上吸取油脂。

5 起鍋後搭配羅米斯科醬，即可上桌享用。

這道料理是模仿碳烤大蔥的方式製作而成，沾上墨汁麵糊酥炸而成的蘆筍，就像烤至焦黑狀的大蔥，但入口口感卻讓人驚奇，香甜美味的炸蘆筍倒也不遜色於烤大蔥，搭配羅米斯科醬，形成絕佳風味，令人食指大動。

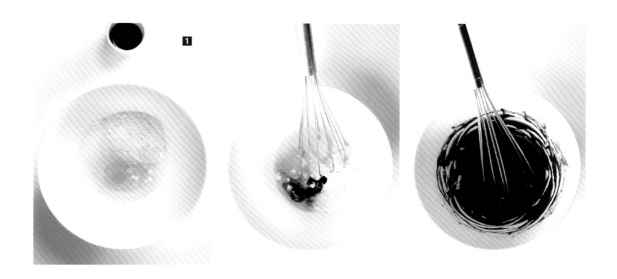

油
炸

羅米斯科醬（前頁所提的醬料詳細作法）

料理時間：3小時｜難度：容易

食材備料：

成熟番茄1公斤、蒜頭6顆
乾紅辣椒或是羅米斯椒（羊角狀）1顆
葵花油 400克、烤榛果50克
烤杏仁50克、雪莉酒醋15克
鹽、胡椒

作法

1 若可以，請於食用前一天準備羅米斯科醬，這樣風味更佳。將番茄與蒜頭放在一個大小適當的容器裡，然後倒入葵花油淹過表面，接著烤箱加熱至160℃，然後將食材放進烤箱烘烤，烘烤時間為2小時。

2 在烘烤番茄與蒜頭的同時，將羅米斯椒或乾紅辣椒放在一個容器中泡水靜置，接著將果肉與果皮分開，可用小刀將黏在果皮上的果肉刮下。

3 番茄烘烤好的時候，將番茄去皮，只留下番茄果肉，然後將油及蒜頭保留。

4 將先前去皮的番茄和紅乾辣椒果肉與蒜頭及乾果攪拌混合，接著慢慢倒入葵花油攪拌均勻直到呈現糊狀，再加入鹽、胡椒和雪莉酒醋調味。

5 視醬汁呈現的結果而定，若必要的話可將醬汁過篩，口感若已經很細滑，就可直接將醬汁放入冰箱保存。

油
炸

瑞士馬鈴薯煎餅雞肉佐美乃滋辣椒醬

料理時間：30分鐘（加上2小時的醃製時間）

難易度：容易

食材備料：4人份

雞胸肉2片

醃製醬材料

紅椒粉（依個人口感而定，可選擇甜
味或辣味10克）

油炸用葵花油200克、鹽、胡椒

瑞士馬鈴薯煎餅材料

馬鈴薯250克

液態奶油100克

美乃滋黃辣椒醬材料

黃辣椒醬50克、美乃滋50克

葵花油250克、青蔥1顆

作法

1 將雞胸肉切成條狀，另外將紅椒粉、葵花油、鹽和胡椒攪拌均勻後放入切好的雞胸肉，醃製2小時。

2 瑞士馬鈴薯煎餅的製作方式：將馬鈴薯去皮，不用清洗（若去皮過程中弄髒馬鈴薯，則用濕布

將髒的地方擦乾淨即可），接著用切片機將馬鈴薯切成薄片，另外一部分切成細絲狀。

3 將奶油融化，接著放入切好的馬鈴薯絲，混合均勻。

4 將馬鈴薯絲放置平底鍋中慢慢煎炸，可以用模具，將馬鈴薯塑型成圓形蛋餅一樣。

5 美乃滋黃辣椒醬製作，將美乃滋與黃辣椒醬混合攪拌（黃辣椒醬可在祕魯食品商店購買）。

6 將油鍋加熱至170℃，然後放入雞胸肉條煎炸2至3分鐘，煎炸時間依厚度而定，然後便可用笊籬撈起，瀝油後放置吸油紙上吸取過多油脂。

7 將煎炸好的雞胸肉條擺放在馬鈴薯煎餅上，接著加入美乃滋黃辣椒醬，再用切成丁狀的清蔥擺盤。

這道料理由不同地區傳統食物構成，香軟酥脆的雞胸肉條，搭配道地的拉丁美洲美乃滋黃辣椒醬，以及道地的瑞士馬鈴薯煎餅作為副餐，是道經典料理。

醃漬咖哩雞

料理時間：1小時30分鐘 ｜ 難易度：容易

食材備料：4人份

油封醃製材料

雞胸肉2片、洋蔥半顆
青蘋果1顆、咖哩粉5克
椰子粉10克（或新鮮椰子蓉30克）
葵花油300克、鹽

咖哩蛋黃醬材料

青蔥1顆、青蘋果1顆、胡椒
咖哩粉5克、鳳梨100克、奶油
鮮奶油100克、蛋黃醬100克、鹽

副餐材料

南瓜200克、葵花油30克、百里香5克
迷迭香5克、鹽、胡椒

作法

1 油封雞胸：將雞胸肉切成厚條狀，青蘋果切成丁狀，接著將切好的蘋果、洋蔥、椰粉（或新鮮椰蓉）、鹽巴和胡椒倒入50克的葵花油內，混合均勻後將切好的雞胸肉條放入，醃製2小時。

2 醬汁製作：將所有食材切成約0.5公分的細碎丁狀，用奶油燜洋蔥10分鐘，然後加入蘋果和

鳳梨，再燜煮5分鐘。接著加入鮮奶油、5克的咖哩粉和鹽，繼續燜煮10分鐘。放至冷卻後，再加入美乃滋混合攪拌均勻。

3 副餐食材處理方式：將南瓜切成不規則粗條狀，然後灑上迷迭香、百里香、鹽巴、胡椒和葵花油後放入180°C的烤箱，烘烤45分鐘。

4 將5克的咖哩粉、椰粉（或新鮮椰蓉刨絲）倒入麵粉中攪拌均勻，接著將攪拌好的粉狀物灑在雞胸肉條上，立刻放入170°C左右的葵花油內油炸，炸至呈現金黃色狀，再將雞胸肉條用笊籬撈起瀝油，放置吸油紙上吸取過多油脂。

5 將炸好的雞胸肉條放在盤子或托盤上，搭配咖哩蛋黃醬和烤南瓜，即可上桌。

此道料理味道以咖哩為主軸，但也可以嘗試其他味道，像是印度綜合香料，像是瑪撒拉（masala）或唐杜里（tandoori），或是其他亞洲國家使用的特殊香料。

油炸

蘆筍拌雞胸佐醬油蛋黃醬

料理時間：1小時 ｜ 難度：容易

食材備料：4人份

初榨橄欖油250克

麵粉150克

蘆筍12根

葵花油

紫蘇葉（綠色及紫色）

醃製材料

雞胸肉2片

醬油100克

生薑

醬油蛋黃醬材料

蛋黃醬100克

醬油15克

薑粉1克（或是生薑磨成泥）

芥末醬1克

作法

1 醃製配方：將雞胸肉切成條狀，混合葵花油、醬油和生薑，將切好的雞胸肉條放入醬汁內浸泡1小時。

2 蛋黃醬製作：請參照蛋黃醬的製作方式（見P.328）。將蛋黃醬與醬油、生薑和芥末醬（已和醬油混和過）混合。

3 用削刀將蘆筍削成薄長條，放入水中汆燙1分鐘，記得加鹽，接著將蘆筍撈起冷卻，放置一旁保存。

4 將醃製好的雞胸肉撈起，放置吸油紙上吸取過多的醬汁，接著灑上麵粉後，放入170℃的初榨橄欖油中油炸，油炸好後將雞胸肉起鍋放置吸油紙上。

5 用烤箱將蘆筍稍微加熱，或是用平底鍋加葵花油快炒一下即可。

6 將炸好的雞胸肉條放在一個盤子上，搭配醬油蛋黃醬，再用蘆筍及紫蘇擺盤。

此道料理突顯醬油的鮮味(umami)，可嚐到生薑、蘆筍及紫蘇葉搭配在一起的絕佳清爽口感。

燜煮、糖漬、滷製

這三種烹飪技巧，共同擁有三種特性：利用液體燉煮、長時間慢火及集中型火候，食材湯汁保留住所有食材精華。可說是非常相似的烹飪方式。接下來，就讓我們來了解如何善用這三種烹煮方式

燜煮

烹飪火候	強調風味的濃郁
相近烹飪方式	糖漬、醃製

燜煮，指利用未達沸騰的液體，烹煮或是處理食材。燜煮有三種不同的方式。第一種是先以低溫加熱的方式，接著再將溫度調高燜煮，通常用於蔬菜類（例如馬鈴薯）。第二種方式是用溫度不

超過100℃液體淹過食材燜煮，例如巴斯克地區烹調鱈魚方式，就是用獨特的醬汁來燜煮。最後一種方式就是熟知的水波蛋，水溫維持接近100℃，但不能達到沸騰，目的是為了讓蛋白煮熟的同時避免蛋黃煮熟凝固。

食材烹飪前置處理程序

1 準備好所有需要的食材。

2 所有蔬菜按照所需切法切成適當大小。

3 將切好的蔬菜放入80℃至120℃的熱油中，有時需要加熱超過100℃（水的沸騰溫度），好去除蔬菜過多水分，若溫度過低，蔬菜口感會太軟，甚至有可能過爛，例如馬鈴薯就很可能發生這種情形。不同於油炸的烹煮方式，油炸是為了吃起來的口感酥脆，在油燜食材時，可將所有食材一起下鍋，因為主要目的就是要讓軟化食材。

4 將食材撈起保存，以便之後烹煮時可用（烘烤、油炸、煎炒等）。

烹煮過程

1 準備好烹煮的湯汁，例如高湯或是醬汁，接著將湯汁加熱至大約100℃左右。

2 將調味好的食材加入。根據傳統食譜作法，湯汁的量差不多到蓋過一半的食材，接著用鍋蓋或是烤盤紙將鍋子蓋住，利用蒸氣煮熟食材（達到沸騰），然後湯汁或醬汁也可達到收汁效果。另外一種作法，也是用湯汁燉煮食材，但是溫度不超過100℃。

3 將煮好的食材撈起，若有需要，例如以濃郁湯汁為料理精華，可以用奶油炒麵糊勾芡（油品通常採用奶油，然後加麵粉），讓醬汁更濃稠，便可上桌（見P.334）。

糖漬

烹飪火候	 強調風味的濃郁
相近烹飪方式	燜煮、滷製 舒肥法（真空低溫烹飪）

這是一種比較溫和的烹調方式，利用低溫（介於50℃至90℃之間）烹煮，鎖住食物的美味（強調風味濃郁的烹飪方式），以湯汁蓋過食材烹煮的獨特烹調方式，讓料理更美味。通常是以混合脂肪與糖的液體來烹調。

脂肪可以取鴨油或鵝油（通常都是用禽類或野生動物的脂肪塊），或像是橄欖油的中性油。糖類則可依個人口味可加入香料調味。糖漬也是一種用來保存食物的傳統方式。傳統糖漬時間長，溫度都設定在安全值內（65℃）。然而現在的糖漬時間縮短，主要避免食物原本風味被糖或調味料壓過。

步驟

1 準備好所有食材。

2 準備當作加熱液體的脂肪類，一般而言為油品，加熱至適當溫度即可（視食材而定，溫度介於50℃至90℃之間）。

3 將準備好的食材加入（事先洗淨、調味、醃製等），料理時間依食材特性而定，像是肉品的話，就看肉質軟硬度來判斷。

4 烹調好後將食材起鍋，便可上桌，或是待食材冷卻後將它保存。若想要冷卻後將食材保存，最好先不要將食材起鍋，放在鍋內讓它冷卻後再保存，油脂也能夠保存食材。

滷

烹飪火候		強調風味的濃郁
相近烹飪方式	悶煮、糖漬	

這個烹飪技術跟糖漬相似,不同的是滷時需加入
酸性液體(通常用醋),除了提供味道之外,同
時也能做為防腐劑。

滷是一種常用的傳統烹飪方式,這種方式有利
於菜餚的保存(鰹魚、沙丁魚、淡菜、鯖魚、菇
類、家禽、滷牛舌等)過去,滷的溫度多半接近
或高於100℃,並使用大量的酸性液體做滷汁。

時至今日,滷仍是一種廣泛使用的烹飪技術,
不過在技術上有所改變,採取了較低溫、時間較
短,使用酸性成分較少的滷汁,因此食物的賞味
期限也較短。

步驟
1 準備好所有食材。
2 將食材沾麵粉,或不沾麵粉油炸或煎成金黃
色。
3 之後加入炒好的蔬菜,還有油、醋,和可以
中和或稀釋酸度的液體,例如像是水、高湯或甚
至葡萄酒,之後用小火慢煮。可加入草本植物和
香料調味。
4 將滷完的食材保存於冰箱。最好讓食材浸味
幾天,一些較硬的肉類,像是打獵獲得的禽類,
甚至可以浸味一星期。

油悶蔬菜

料理時間：**20分鐘**｜難度：容易

食材備料：4人份

<u>油燜馬鈴薯和洋蔥材料</u>

馬鈴薯400克

珍珠洋蔥200克

橄欖油300克

迷迭香1束

大蒜4顆

胡椒籽

<u>油煮番薯材料</u>

番薯400克

橄欖油200克

作法

1 將馬鈴薯去皮之後切片。將珍珠洋蔥去皮，並保留底部不要切斷，以維持整顆完整的洋蔥。

2 油悶馬鈴薯和洋蔥，將芳香元素的食材包括大蒜、迷迭香、胡椒籽放入一個鍋子，加入適量的橄欖油以覆蓋馬鈴薯和珍珠洋蔥。用小火悶煮至食材變軟，完成之後放於油中保存。

3 油悶番薯，將番薯切成棒狀（也可用木薯或南瓜替代），之後放入油中用慢火煮至變軟。瀝乾之後保存。

4 最後用大火烹煮兩次，讓蔬菜更入味。馬鈴薯和珍珠洋蔥可放進烤箱烤成金黃色，可作為搭配肉類料理的副餐一起食用。番薯可用油悶留下的油來油炸，但油的溫度需要相當高，且炸的時間必須很快，當番薯外部變成金黃色即完成。

油悶蔬菜常常作為搭配主菜的副餐食用，通常會在烹飪的前置準備階段進行油燜，之後料理時再用大火加熱即可上桌。兩階段的烹飪方式可讓原本需較長時間烹煮的食材先在第一階段完全煮熟，第二階度再烹飪時便可迅速完成，節省很多時間。也就是說，第一次的烹飪是準備工作，而用這種方式烹飪的蔬菜，也常被當作開胃菜食用。

酒香鱈魚佐起司醬

料理時間：1小時 ｜ 難度：容易

食材備料：4人份

鱈魚600克

初榨橄欖油200克

新鮮菠菜400克

葡萄乾60克

松子20克

伊迪阿扎巴爾起司25克（Idiazábal）

液態鮮奶油25克

雪莉甜酒50克（P.edro Ximénez）

蝦夷蔥

作法

1 用小火煮雪莉甜酒讓其慢慢蒸發，並小心避免燒焦。雪莉酒在加熱的情況下是呈現液態，但冷卻的時候則會變成濃稠狀。

2 將起司加入液態鮮奶油後，用慢火煮使其融化，之後保存。

3 將細蔥切碎後，加入幾滴初榨橄欖油與之混合。

4 將松子和葡萄乾用平底鍋清炒，接著加入波菜，再翻炒幾秒。

5 將油加熱至50℃後放入鱈魚。悶煮15分鐘，並時時檢查溫度是否維持50℃。

6 將炒過的菠菜放在盤子中央，放上一塊油悶煮過的鱈魚，並淋上乳酪製成的醬汁、濃縮過的雪莉甜酒，最後再淋幾滴加入碎蔥的橄欖油即告完成。

低溫的烹飪方式可以維持魚肉的味道和質地。這種烹飪方式能充分展現食材原始美味，完美保留鱈魚富含膠質、口感彈牙的肉質。

咖哩雞吐司

料理時間：1小時｜難度：容易

食材備料：4人份

雞胸肉400克

葵花油200克

小荳蔻3克

醬汁材料

鮮奶油300克

青蔥75克

鳳梨75克

蘋果75克

咖哩7克

奶油30克

鹽和胡椒

副餐配菜材料

米200克

青蔥1顆

鳳梨50克

蘋果50克

奶油65克

吐司

蝦夷蔥

鹽和咖哩

作法

1 製作醬汁：將青蔥、蘋果和鳳梨切塊。用奶油燜煮洋蔥直到變軟。加入蘋果之後煮5分鐘，之後加入鳳梨，再煮5分鐘。加入鮮奶油，用鹽、胡椒、咖哩調味。再煮5分鐘之後保存。

2 加入鹽和胡椒將雞胸肉調味，或最好用濃度為10%的鹽水泡15分鐘（見P.144）。

3 將雞胸肉放入鍋內，加入小荳蔻和葵花油之後用65℃烹煮。雞胸肉需被油完整覆蓋，讓它在油中悶煮40分鐘。建議最好使用溫度計檢查雞胸肉中心溫度是否介於63℃至65℃。

4 關閉爐火，將鍋子以隔水方式冷卻。

5 製作配料，將米分成兩份，分別以不同的水沸煮，一邊只加鹽，另一邊加鹽和咖哩，烹煮時間18分鐘，完成之後，兩邊的米將呈現不同的2種顏色。之後馬上將米冷卻。

6 將青蔥切半後跟切塊的蘋果和鳳梨加入奶油煎炒。然後加入米一併煎炒。

7 烘烤吐司。

8 將雞肉切片並放在烤好的吐司上。淋上熱咖哩醬後，用火爐或旋轉式烤箱微烤。

9 用煮熟的米搭配雞胸肉，並用半顆炒好的洋蔥和碎蔥裝飾。

三明治是準備輕食晚餐或非正式餐點的最佳選擇。烤土司所搭配食材可以相當多樣，依照個人喜愛口味選擇，在家裡的任何時刻都可以即興準備這道美味簡單的料理。

蔬菜沙拉佐桃子醬

料理時間：2小時｜難度：容易

食材備料：4人份

四季豆100克

青蔥1顆

醃鯷魚4條

大蒜4顆

黑橄欖泥25克

橄欖油20克

卡拉瑪塔橄欖60克

食用花卉

油悶馬鈴薯材料

小馬鈴薯200克

橄欖油200克

桃子油材料

橄欖油40克

桃子40克

碎蔥5克

鹽和胡椒

桃子醬材料

桃子80克

味道較溫和橄欖油40克

鹽和胡椒

油煮番茄材料

番茄2顆

糖25克

羅勒

橄欖油20克

鹽

作法

1 油悶馬鈴薯：將帶皮的馬鈴薯放入鍋內，並加入大蒜，用200克的橄欖油覆蓋，使用90℃的小火悶煮1小時，或煮到馬鈴薯變軟。關火之後保存。

2 將四季豆沸煮至豆莢有彈性後保存。

3 將洋蔥切成細條狀，放入加有冰塊的水中浸泡。

4 製作桃子油：將桃子切塊之後，跟橄欖油、碎蔥、鹽和胡椒混合。

5 製作桃子醬：將桃子的果肉打成碎泥，加入40克味道溫和的橄欖油、鹽和胡椒。

6 油悶番茄：將番茄汆燙之後去皮，切半之後將中心果核果漿挖出，並將其餘部分切成瓣狀，放入烤箱，並加入鹽、糖、羅勒和一匙橄欖油，設定120℃烘烤1小時。這也是一種油燜使食材入味的方式，雖然沒有用油完全覆蓋。

7 將25克的黑橄欖泥和20克的橄欖油混合。可加入幾滴水使醬汁乳化得更好。

8 將橄欖切成大塊。將油煮好的番茄切和醃鯷魚切成條狀。

9 將桃子醬灑在盤中做基底，之後放入其他食材，包括切好的馬鈴薯、綠豆、番茄果漿、油悶好的番茄、橄欖、橄欖醬、切成條狀的洋蔥。淋上加入碎蔥的桃子油。最後用花裝飾沙拉，即完成料理。

以桃子和橄欖油調製而成的酸甜醬汁替代傳統沙拉醬。將醬汁灑於盤中做為基底，確保每一口都沾有桃子的新鮮口感。

蔬菜三部曲：(1) 辣味蔬菜燴

料理時間：2小時 | 難度：容易

食材備料：4人份

碎葉菊苣1顆

香草植物、香料和當季菜芽（小茴香、歐芹、芥菜、白蘿蔔或洋蔥）

汆燙蔬菜材料

胡蘿蔔100克（棒狀）

白蘿蔔100克（條狀）

蘆筍3根（條狀）

南瓜75克（塊狀）

糖漬蔬菜材料

小馬鈴薯100克（切半）

珍珠洋蔥12顆（切半）

蒜苗12條（棒狀）

生菜材料

白蘿蔔8顆（切半）

櫻桃番茄12顆

滷製材料

紫洋蔥25克

青椒25克

紅椒25克

櫛瓜25克

洋蔥25克

橄欖油200克

白葡萄酒醋80克

香料15克（荳蔻果實、白胡椒籽、黑胡椒籽、四川辣椒、紅辣椒）

烤蔬菜材料

洋蔥150克

3色椒：紅椒、青椒、黃椒

葵花油60克

作法

1 將所有要滷的蔬菜洗乾淨，將櫛瓜抹上一些鹽讓它出水，其餘蔬菜全部切成細丁。

2 用微火油煎要滷的蔬菜，注意不要讓表面焦黃。

3 當較硬的蔬菜煮熟時，再加入櫛瓜煮1分鐘。

4 將火關到最小，加入其他的油、醋、鹽和香料。用微火滷煮1分鐘。

5 加入已事先汆燙的蔬菜跟尚未煮熟的蔬菜，用小火滷煮20分鐘。同樣也可全部都用尚未煮熟的蔬菜滷煮，但這樣必須小火滷煮1小時（或至蔬菜變軟）。

6 當蔬菜煮熟變軟時，關閉爐火，將蔬菜保存。

7 清洗碎葉菊苣，瀝乾後將它們擺放在盤中做為基底，之後在滷製好的蔬菜捲葉菊苣上方，淋上滷菜的滷汁。最後可用香草植物和菜芽裝飾。

跟煎炒蔬菜（見P.272）和燒烤蔬菜（見P.280）一樣，這道選用當季蔬菜來烹調的料理具有無窮的變化。無論是切法，或是否要預煮蔬菜，都可以依照個人喜好靈活調整，滷汁的酸能帶給蔬菜清爽的口感，並強化風味。

油煨和慢煎

這兩種烹飪技術相似，皆使用油脂作為加熱的導體，像是油或奶油；使用較低的溫度烹飪，且通常是烹飪前先食材預煮。

烹飪火候	⚒ 強調風味的濃郁
相近烹飪方式	悶煮、糖漬

這兩種烹飪方式極為相似，包括像是使用油或奶油作為加熱液體、使用低溫小火，烹飪的食材通常是蔬菜，但烹飪過程中，二者還是有些不同之處。慢煎所需的時間較長，且烹煮過程較慢，而油煨的烹飪時間相對較短。儘管如此，這兩種方式，通常都是烹飪前的食材預煮步驟。

油煨

油煨時常慣用油或奶油，將蔬菜切塊或切片，再以小火煨煮。此技巧通常會被作為另一種烹飪技術的事前烹飪步驟，目的是將烹飪完成的蔬菜，作為料理的基底或副餐配料。例如油煨韭菜，使其質地變得柔軟，可當配料或烤鮭魚吐司的基底。

油煨和慢煎的細微差異，是會加上蓋子煨煮，好防止烹煮過程中蔬菜的水分蒸發，烹飪溫度也不會超過100℃，蔬菜或料理的顏色不產生變化。

慢煎

為一種需要較長烹飪時間並使用少量油脂將食物慢煎的烹飪方式，需煎至食材全熟，表面帶些焦黃。最常見的例子是以慢煎番茄和洋蔥（可搭配大蒜）做為菜餚的基底（見P.350）。

慢煎的方式可用於多種食材的烹飪，除了蔬菜之外，也可以用於肉類、禽類或魚類，像是製作基底或海鮮飯、飯類料理，以及其他使用砂鍋烹煮的料理。某些情況下，慢煎的時間較短且使用的溫度較高。這個方式使用於不需要使用長時間烹煮的料理。例如當我們將食物大火翻炒完成後，可繼續用慢煎的方式讓表面上金黃色。

煎炒

煎炒必須使用大火，廚師的動作必須迅速，可用於肉類、魚類或蔬菜，使食物表面變得更脆、外觀變得好看吸引人，內部質地更美味。

烹飪火候	✖✖	強調風味的濃郁
相近烹飪方式		悶煮、糖漬

煎炒是一種快速烹飪的方式，必須使用大火，以少量的油脂煎炒已切塊的少量食材。它也是一種烹飪前的準備工作，在烹飪前將其汁液鎖於內部不流失，並把食物變成金黃色；又或是用於煎炒質地細嫩，不需太長時間烹飪的食材。

煎炒的主要目的，是保留食物的汁液。但在煎炒時，受熱溫度必須相當均勻。如果火候太小，食物的汁液會散出，而變得無味乾燥。相反地，如果溫度過高，食物脫水得更快且會變焦變硬。

某些食材可以加入酒一起煎炒，此外，也可以利用煎炒後的汁液用於製作醬汁，或用來清理殘留在鍋內的油脂。可加入一些液體，像是葡萄酒或任何種類的高湯，使其和殘留於平底鍋的焦糖汁液混合，形成美味且富有香氣的醬汁。

步驟

1 準備好所有食材。

2 可選用平底鍋、煎炒鍋或中式炒鍋加熱，加入一些油脂，可以是油或奶油，等達到適當溫度（必須找到一個平均溫度，火候不能太小也不能太大）。

3 將已切成小塊的食材放入鍋內，放入的食材必須定量，使食材有足夠空間翻炒，較易於烹調和掌控溫度。

4 加入調味料後即可食用。

韓式醬油炒蔬菜

料理時間：30分鐘 │ 難度：容易

食材備料：4人份

葵花油100克

蘆筍75克

韭蔥50克

櫛瓜75克

荷蘭豆75克

胡蘿蔔75克

高麗菜75克

紅椒和青椒75克

青蔥75克

四季豆50克

白蘿蔔50克

韓國醬油

綠葉和紅葉紫蘇

作法

1 將所有的蔬菜切絲。若所有的蔬菜都切成同樣的大小，則不需要事先預煮

2 將炒鍋加油熱鍋並加入蔬菜。如果沒有中式炒鍋，可用寬平底鍋替代，重點是要能一口氣快炒所有的蔬菜。

3 將蔬菜快炒幾分鐘，直到蔬菜變軟。

4 加入韓國醬油調味。亦可用其他醬油替代。同樣也可加入香料。

5 再將蔬菜稍事翻炒。

6 將蔬菜盛盤，用紫蘇葉裝飾後即完成。

煎炒適用於所有蔬菜料理的製作，除了選擇當季最新鮮的蔬菜之外，也可以運用冰箱存有的蔬菜即興煎炒。用快炒烹調的方式迅速地料理蔬菜，可以提供豐富的維他命，搭配韓國醬油，更替蔬菜添增吸引人的色澤和可口香氣。

蔬菜三部曲：（2）生薑炒蔬菜

料理時間：**15分鐘** │ 難度：**容易**

食材備料：4人份

蔬菜高湯

新鮮生薑10克

橄欖油70克

葵花油50克

草本香料和當季芽菜

鹽和胡椒

汆燙用蔬菜

胡蘿蔔100克（棒狀）

白蘿蔔70克（條狀）

櫛瓜100克（像製作馬鈴薯泥一樣搗碎）

荷蘭豆75克

蘆筍6根（條狀）

糖漬蔬菜

小粒馬鈴薯12顆

珍珠洋蔥12顆

蒜苗12顆

生蔬菜

各種菇類100克（雞油菌菇、松乳菌菇、蘑菇等）

櫻桃番茄12顆

櫻桃蘿蔔8顆

烤過的蔬菜

洋蔥100克

作法

1 將生薑去皮並切碎。

2 將葵花油倒入平底鍋加熱後加入碎生薑。

3 當生薑呈透明狀時，加入已汆燙好並瀝乾的蔬菜和菇類，一起煎炒1分鐘。

4 加入一些汆燙蔬菜留下的水，再炒30秒，關火後加入櫻桃蘿蔔、櫻桃番茄和一匙橄欖油。稍微搖動平底鍋，讓食材和橄欖油混合，形成稍微乳化狀態。

5 加入草本香料和芽菜做為配料，即可立即上菜。

蔬菜料理的第二部曲，融合P.264醋滷蔬菜和P.280的烤蔬菜而組成，將各種以不同的方式預煮的切塊蔬菜，快速翻炒即可上桌。為一種製作方式簡單但很特別的料理。

烤

烤的烹飪方式可以依據器具，細分用烤箱、烤架或鐵板烤，只需要高溫並一些油脂，食物烤過的味道很特殊很明確，不會跟其他烹飪方式的味道搞混。

烹飪火候	✖✖ 強調風味的濃郁
相近烹飪方式	(甜點表面)亮光烤 焗烤

烤，是將食材直接放置於熱源上方加熱，加熱溫度高且不需要有液體當作加熱介質。可以用烤箱、烤肉爐或烤爐，但同樣也可以使用烤肉架或鐵板。

此種烹飪方式的關鍵在於時間和溫度的掌控，必須依照食材的種類、切法、尺寸大小、厚薄進行調整。最重要的是要注意保留食材的汁液和避免脫水變乾。雖然這是種不需使用液體作為介質烹飪方式，但通常還是會加入一些油脂。

鐵板燒烤

跟用烤架或烤箱相同，鐵板烤也是一種必須使用高溫的乾燥烹飪方式；也就是說不使用任何液體做加熱介質烹飪。這種快速烹飪法能鎖住食材內部的汁液，也能讓食材質地和味道變得更好，並散發出特別的香氣。鐵板烤適用於質地較嫩，短時間烹調就能完熟軟化的食材。

鐵板燒烤的名稱是來自於烹調的加熱器具：「鐵板」。烤肉用的鐵板通常會在烤板上設計有凹槽條紋，其功能在於收集烤肉時所溢出的油脂。烤板的高溫會在肉品鍍上金黃色。

鐵板燒烤步驟

1 準備好所有食材。

2 烹飪前先將鐵板加熱。我們必須確認鐵板上相當乾淨，以避免其他油脂和食材烤焦。

3 加入少量的幾滴油，避免食材黏住。

4 放上食材。

5 將肉塊翻面烤完之後即可食用。如果肉塊很大，比方500克的帶骨牛排或沙朗牛排，可使用烤箱或烤爐，使肉塊得以完整均勻受熱。使用烤箱烤好時，建議讓肉塊在烤箱中靜置一段時間，讓肉汁入味，使肉質更嫩。

烤

烤架燒烤

這是一種非常特別的烹飪方式，將食材直接放在木炭或煤炭上方以直火燒烤，形成特別的味道和香氣。以高溫集中燒烤食材外部，替食材增添一股強烈的煙燻味及木材味。透過控制食物距離火源的遠近，來掌握溫度，廚師必須要很純熟敏捷，過程中也要小心避免燙到。

烤架燒烤步驟

1 準備好所有食材。

2 準備好烤架，並等待木炭或煤炭燒紅。

3 先將烤架加熱，避免之後食材黏於烤架。烤架必須相當乾淨。

4 將食材放上烤架，根據食材的類型，放上烤架前可先塗抹一些油。

5 當食材烤至最佳熟度時，將食材取出即可馬上食用。

建議

■ **食材不需靜置**：這類的烹飪方式不需將食材靜置，除非是相當大型的肉塊，例如一整塊三分熟的帶血牛排，讓它用烤箱烘烤時靜置一下，使汁液留在原本的部位。

■ **調味和增加配料**：雖然肉塊在烤前已用鹽和胡椒調味，烤完後仍能加入鹽和剛磨碎的胡椒調味，或者也可以加入初榨橄欖油、芳香油或烤肉醬，像是搗碎或磨碎的阿根廷香料醬（chimichurri）。這是一種將醃製過的肉類加入含香氣的油烹飪的理想方式。

■ **食材先退冰**：如果肉塊的尺寸很大，像是整塊牛排或豬排骨，建議火烤前一小時先從冰箱拿出解凍，使肉塊不會太冰，加入時熱能可以滲透的中心；如果沒先退冰，烤的時間較長時，肉塊的外部將變得乾燥；烤的時間較短時，肉塊的中心則維持在冰冷的狀態。這類未退冰的肉塊可以在一開始使用大火集中烤製，之後再用中火逐漸地將肉塊內部烤熟。

■ **別將肉塊去皮**：不需要將食材去皮，像是雞肉，因為它們的外皮可保護食材，避免食材烤焦或變乾。

■ **別將蔬食去皮**：某些蔬果類的食材也是一樣，諸如大蔥、吉普賽豆等，它們直接跟火源接觸時很容易烤焦，因此這些食材在烤之前先別去皮，烤好後再去皮。

■ **保護食物**：為了保持食物外觀不會被高熱破壞，可預先將食材裹麵包粉，像是富含豐富膠質的豬蹄，如果不裹粉保護，將會黏在烤架上。

烤箱烘烤

這類烹飪方式目的在於彰顯食材本身味道、也避免烹飪過程沾染其他食物味道,除了有時會加入一點油脂烘烤,其他什麼都不加。

烤箱烘烤步驟

■ 將烤箱溫度設定180℃至220℃預熱。如果需要,先將食材前置處理;將食材放入烤盤或一個盤子,並加入一點油,之後放入烤箱。

■ 一開始必須用較高的溫度集中烘烤食材,讓食材的汁液可以保留於內部,之後可以降溫,用較溫和的溫度烘烤,或用穩定的溫度使食材逐漸烤熟。

■ 烤的過程中必須不斷地幫食材翻面。可用油脂沾抹食材保持濕潤,才不會變乾而造成食物外表破裂不完整。烤某些肉類時,可將動物脂肪塗抹在烤盤的底部,防止肉塊黏住。

■ 當肉塊烤好時,從烤箱中取出,在高溫下靜置一段時間,讓肉汁回收入味,可靜置於濾油網架上,收集讓流溢的肉汁。然而,若是烘烤魚類或蔬菜時,則不需使用這個步驟。

馬鈴薯泥製作步驟

1 將整顆馬鈴薯帶皮烘烤,溫度設定180℃,烘烤45分鐘。當馬鈴薯變軟時,將它們取出,冷卻之後去皮。

2 放入攪拌器或打泥器。

3 加入油、切塊奶油和鹽混合攪拌後即完成。

烤豬里肌佐馬鈴薯泥

料理時間：2小時｜難度：容易

食材備料：4人份

豬里肌600克

橄欖油75克

小馬鈴薯200克

紅葡萄酒100克（深色湯）

鹽和胡椒

<u>蛋黃醬材料</u>

奶油50克

蛋黃1顆

紅蔥頭1根

龍蒿醋

新鮮龍蒿2克

鹽和胡椒

作法

1 將馬鈴薯旋削（見P.125），之後切半，放入水中並加鹽沸煮5分鐘。

2 將豬里肌肉切平，放入平底鍋中油煎。加入事先煮熟的馬鈴薯之後一起煎成金黃色。

3 烤箱預熱140℃，將里肌肉和馬鈴薯放在托盤裡，放入烤箱。

4 將里肌肉和馬鈴薯烘烤約40分鐘，或烤到里肌肉中心的溫度達到55℃。

5 製作蛋黃醬，依荷蘭醬食譜製作（見P.331），加入紅蔥頭、龍蒿醋和切碎龍蒿。

6 將里肌肉從烤箱中取出，用一個盤子或蓋子蓋住，放置於溫度較高的地方，例如烤箱口，靜置一段時間，使里肌的肉汁入味，肉質變得更嫩。

7 若想利用烘烤後在烤盤上留下的汁液，可先將馬鈴薯取出，再去除留在烤盤上的油脂（用湯匙刮除表面的油脂），之後將烤盤用小火加入，並加入幾匙紅葡萄酒（或深色高湯；見P.324）。將倒入的液體跟殘留於烤盤底部的油脂混合。將混合的液體過濾，之後加入橄欖油調和。

8 將熱的里肌肉切塊，放入盤中，加入利用烘烤殘留油脂製作而成的醬汁，再淋上一匙蛋黃醬，撒一些黑胡椒即完成料理。

豬里肌肉是一種相當美味的肉品，但烹飪時必須相當注意，因為一不小心就可能會過熱。用殘留油脂製作而成的醬汁，充分利用食材的烘烤流出的精華，使蛋黃醬口感更圓潤飽滿。

羊乳酪烤茄子佐迷迭香油

料理時間：30分鐘　難度：容易

食材備料：4人份

大茄子1顆

羊乳酪160克

鹽

<u>迷迭香油材料</u>

橄欖油

新鮮迷迭香

鹽和胡椒

作法

1 將茄子切成厚度約1公分的切片，放在鹽水中泡幾分鐘。

2 將茄子瀝乾，放在鐵板或烤架上，以中火烘烤，之後取出。

3 將羊乳酪包入煮熟的茄子切片捲成卷，之後保存備用。

4 製作迷迭香油，將新鮮的迷迭香切碎，加入橄欖油混合，再加入鹽和胡椒調味。

5 將捲好的茄子卷用烤箱或微波爐加熱，讓乳酪稍微融化，之後放入盤子並淋上迷迭香油調味，即完成。

這道料理作法很簡單，可包入多種香料和堅果，或是將迷迭香油改成辣椒油、香料油，也可以改成任何我們喜歡的調味油。

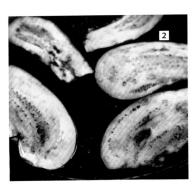

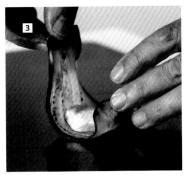

蔬菜三部曲：(3) 烤蔬菜

料理時間：30分鐘 難度：容易

食材備料：4人份

初榨橄欖油60克

百里香、迷迭香、羅勒葉

鹽和胡椒

沸煮或汆燙蔬菜

紫馬鈴薯75克（先烹調再切割）

塊根芹75克（條狀）

胡蘿蔔75克（棒狀）

番薯或南瓜75克（塊狀）

糖漬蔬菜

小馬鈴薯12顆（切塊）

珍珠洋蔥12顆

嫩大蒜12顆（切片）

朝鮮薊4顆（切成四分之一）

炒蔬菜

菇類100克（雞油菌菇、蘑菇、松乳菌菇）

未烹煮生蔬菜

小蘿蔔8顆（切半）

甜菜根100克

作法

1 將所有切好的蔬菜、預煮完成的蔬菜和煮熟的菇類一起放入烤盤。加入磨碎的草本香料、初榨橄欖油、鹽和剛磨碎的胡椒。

2 將烤箱設定180℃，用中火烘烤40分鐘。最後將烤好的甜菜切成橘瓣形即完成烹飪。

3 加入切半的小蘿蔔和一點初榨橄欖油，即可上菜。

此為蔬菜料理的第三部，跟P.264的滷蔬菜和P.272的炒蔬菜組成蔬菜三部曲。選擇當季蔬菜為食材，味道較強烈，且含有土壤的味道和濕度，為強調並展現食材原始風味，只要一點草本香料調味，盡可能維持本身味道。基於同樣的原則，將它們放入烤箱烘烤時，只需加入少許的橄欖油。

櫛瓜起司烘蛋

料理時間：2小時 | 難度：容易

食材備料：4人份

蛋12顆

馬斯卡邦尼奶油起司120克

櫛瓜800克

鄉村麵包

芝麻菜

奶油

碎蒔蘿

綜合胡椒籽（黑胡椒、白胡椒、紅胡椒、四川胡椒、牙買加胡椒）

鹽

蒔蘿油材料

葵花油

碎蒔蘿

歐芹粉

鹽和胡椒

醬汁材料

新鮮起司（廠牌quark 或 ricota)100克

小蘿蔔4顆

芥菜籽15克

酸橙1顆

鹽

作法

1 製作蒔蘿油，將所有食材混合。

2 製作醬汁，留一些新鮮乳酪用於烤吐司。將其他乳酪加入一些檸檬汁、鹽、切絲小蘿蔔和芥菜籽一起混合。同樣也可加入一些碎檸檬皮。完成之後保存。

3 製作烘蛋，用刨絲板將櫛瓜剉成細絲或切成麵條狀，加鹽出水，好降低其酸度。用大火加入奶油一起炒，完成之後保存。

4 將蛋跟馬斯卡邦尼奶油起司混合，加入鹽和胡椒調味，之後再加入碎蒔蘿。

5 將乳酪糊和櫛瓜混合，在可於烤箱加熱的容器中鋪一層耐熱保鮮膜，之後將混合物倒入。

6 將烤箱事先預熱160℃，之後將裝有櫛瓜和馬斯卡邦尼起司混合的糊狀物容器放入烤箱，大約烘烤30分鐘（適時注意糊狀物是否已凝固）。

7 這道料理冷熱皆宜，若想以冷盤形式供餐，則可在烹飪完成後冷藏保存。

8 將鄉村麵包切片之後烘烤，烤好後塗上新鮮起司，撒上綜合胡椒粉（最好現磨）。

9 將烘蛋切成四方形，搭配起司烤麵包、芝麻菜和幾滴蒔蘿油後，即可上菜。

烘蛋是義大利傳統日常料理，口感柔軟且充滿起司香氣，是一種介於蛋餅和煎蛋之間的料理，簡單且美味。

北非小米蒜味美乃滋蝦

料理時間：2小時30分鐘 ｜ 難度：容易

食材備料：4人份

北非小米400克

蝦頭高湯800克

中等大小蝦子16隻

橄欖油

蒜味美乃滋材料(西班牙Alioli醬)

美乃滋

葵花油

大蒜

作法

1 開始製作之前，應該先準備好海鮮濃高湯（見 P.327）。

2 製作蒜味美乃滋，將大蒜加入少許葵花油，用研缽或攪拌器磨碎，再加入美乃滋。同樣也可不加美乃滋，將大蒜和鹽加入盛有油的研缽，或用磨碎的大蒜和一顆蛋黃以利油乳化，蛋黃液須慢慢加入。

3 將北非小米放入煎鍋，加入一點橄欖油，用小火炒至變成金黃色。同樣也可用烤箱設定180℃烘烤，並適時攪拌翻動。

4 加入高湯和鹽，撈除油脂後再煮4分鐘。

5 加入蝦子之後，用烤箱設定180℃烘烤到北非小米變乾。

6 加入蒜味美乃滋，即可上菜。

燉飯、燉麵一類煮食料理，最大特色在於使用大量魚高湯、海鮮高湯或兩種綜合高湯烹調。除常見使用麵條或米飯，也可以像這份食譜用北非小米，加入高湯前應該將米炒熟，使料理有脆的口感也可強化小米味道。

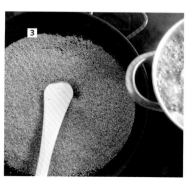

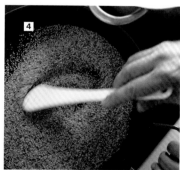

海藻竹蟶餡餅

料理時間：2小時（加1小時靜置） 難度：容易

食材備料：4人份

<u>麵團材料</u>

高筋麵粉500克、水240毫升

新鮮酵母20克、橄欖油2匙

鹽9克、麵粉（自選）、蛋（自選）

<u>內餡材料</u>

竹蟶8隻

多種新鮮海藻400克（針葉藻、海帶、

紅藻）

大蒜3瓣

醬油

作法

1 製作麵團，將所有的食材混合，搓揉至麵團表面光滑且有彈性。靜置使麵團發酵膨脹至兩倍大。

2 製作內餡，將竹蟶蒸熟，至殼開啟後，將竹蟶肉取出，並切成約1公分大小。

3 將海藻放入沸水中煮1分鐘，之後將它們切成跟竹蟶差不多大小。

4 將蒜頭爆香後，加入海藻和竹蟶之後用大火炒，加入幾滴醬油調味，保存備用。

5 舒展麵團，之後將麵團桿成一塊塊圓形麵皮。將炒好的海藻和竹蟶包入麵皮，並從邊緣處慢慢將麵皮緊密黏緊。

6 可在麵皮表面塗抹一些油或蛋液，或者只撒上麵粉。

7 將烤箱預熱180℃，將包好內餡的餡餅烘烤20至25分鐘，即完成。

這是一道加利西亞地區的經典料理，從古老的家族食譜或傳統食譜中，總能學到很多美食的製作方式，並用這些料理基礎去創新，依照自己的喜好或環境來變換食材，搭配現代的烹飪技術和知識，讓我們的料理變得更豐富。

蒜苗鱈魚

料理時間：30分鐘 | 難度：容易

食材備料：4人份

4塊125克的去骨鱈魚塊

馬鈴薯2顆

洋蔥2顆

葵花油200克

青蔥

<u>油醋醬汁材料</u>

橄欖油80克

大蒜6顆

紅酒醋或巴薩米克醋15克

新鮮迷迭香

鹽和胡椒

作法

1 製作油醋醬汁：將切片的大蒜用橄欖油煎炒。當大蒜開始變成金黃色時加入迷迭香並馬上關火。當油溫冷卻時加入酒醋、鹽和胡椒。

2 將切絲洋蔥放入鍋內，加入50克葵花油，用小火慢煮，將洋蔥煮至焦糖狀。

3 馬鈴薯去皮之後切片，放入剩下的葵花油中，用烤箱或鍋子以小火油煮至變軟。

4 將鱈魚塊用大火放入平底鍋煎，放入鹽和胡椒調味，煎煮至外皮呈金黃色。

5 接著將鱈魚塊放到烤盤並加入一匙醋，將烤箱設定180℃烘烤7至10分鐘。檢測鱈魚塊的熟度，可以輕壓魚塊看看，如果轉變成較硬的狀態，即可取出，或者也可以用溫度計測量鱈魚塊中間部位的溫度是否達到50℃至55℃。

6 將馬鈴薯切片放入平底鍋，加一點油以小火煎炒，之後加入呈焦糖狀的洋蔥。

7 將煮好的馬鈴薯和洋蔥放入盤中做搭餐配菜，之後放入鱈魚塊，淋上用大蒜和迷迭香製作的醬汁，再用青蔥和新鮮迷迭香裝飾，即完成。

在傳統食譜中，總是能找到無數的優質食譜，我們可以檢視這些食譜，結合現代的烹飪技術製作，讓烹飪時間更準確且營養更均衡，做出更多和這道菜一樣營養均衡且美味的料理。

烤豬肋排（兩道烹飪程序）

料理時間：3小時或18小時（依照烹飪方式）

難度：中等

食材備料：4人份

豬肋排1塊

橄欖油

大蒜3顆

法式香草束

作法

1 第一道烹飪程序：先將豬排骨放入鍋內用油燜煮，加入大蒜和香草束。用小火慢煮，不讓溫度超過100℃，慢煮3到6小時（取決於肉的類型、尺寸大小和厚度）。可用竹籤或小刀試探肉的硬度，若可以很容易戳入肉塊時，則表示烹飪已完成。若第一道程序想用舒肥法烹飪，必須事先將肋排和所需的其他食材放入真空袋，並使用自動調溫烹飪機料理，設定65℃烹調18小時，或設定85℃烹調6小時。

2 若用油煮，將豬排骨從油中取出。若是舒肥法烹調，將豬排骨從65℃的水中取出。

3 繼續第二道烹飪程序：將豬排骨塗油，放入烤箱，設定180℃烘烤至完全呈金黃酥脆狀（大約15分鐘）。第二道烹飪，也可使用烤架燒烤的方式。若使用烤架，最好使用木材烤，因為木材燃燒可替肋排增添香氣。

雖然這道菜料理時間相當長，兩道烹飪程序要掌握的技巧和溫度也不相同，但這份食譜其實並不複雜。第一道烹飪程序，不管是油煮或舒肥烹飪，都得使用較溫和的溫度烹調，讓豬排骨變得更嫩滑。第二道程序，搭配烤箱或烤架，必須使用較高的溫度，讓排骨的外部變得酥脆，並提升豬排骨的香氣。

鰨魚佐橄欖醬

料理時間：30分鐘 │ 難度：容易

食材備料：4人份

鰨魚4條
綠橄欖200克
初榨橄欖油100克
黑橄欖油50克（見P.313）
酸豆48顆
鹽

作法

1 將綠橄欖去核，加入少許的水之後磨碎，並慢慢加入橄欖油一起攪拌，就像攪拌奶油一樣，攪拌至呈乳狀，即完成橄欖醬。

2 將酸豆放入熱油中炸1分鐘。油炸完成之後，酸豆會變得酥脆。

3 清洗鰨魚並去除魚皮和魚刺，放入濃度為10%的鹽水浸泡（見P.144）10分鐘。將鰨魚瀝乾之後，用鐵板或烤架燒烤。

4 上菜時，將橄欖醬做為鰨魚的配醬，淋上黑橄欖油，再加入炸好的酸豆。

鰨魚的肉質軟嫩，使用快速烹調的方式能保留其原味。搭配橄欖和酸豆，加強料理的味道及香氣。

茄子番茄菊苣沙拉佐豬蹄醬汁

料理時間：1小時 ｜ 難度：容易

食材備料：4人份

菊苣1顆、茄子1顆、櫻桃番茄12顆

__油醋醬汁材料__

煮熟豬蹄1隻、初榨橄欖油100克

卡本內蘇維翁紅葡萄酒醋25克

糖漬番茄100克

烤松子25克（或烤榛果）

蝦夷蔥、鹽和胡椒

作法

1 製作醬汁，將之前已煮熟去骨冷卻的豬蹄切塊，跟切丁的番茄、磨碎的松子和碎蔥混合。加入油和醋，最後加入鹽和胡椒調味。

2 將菊苣清洗之後保存。

3 將茄子切成棒狀，櫻桃番茄切半，將它們以鐵板煎烤後保存。

4 用菊苣做為沙拉的基底，之後放上炒好的熱蔬菜。最後淋上用豬蹄製作的美味油醋醬汁即完成。

一道沙拉料理不盡然總是冷的，某些時候可以加入熱的蔬菜或醬汁，強化其風味，也替蔬菜增添不同的口感。這道料理也有另一種製作方式，可用菊苣搭配火腿或炒臘肉，再搭配熱油醋醬汁。

香草橙香烤雞排

料理時間：30分鐘｜難度：容易

食材備料：4人份

中等大小雞胸肉4塊
櫻桃番茄10顆
茄子100克
南瓜100克
雞油菌蘑菇150克
柑橘風味奶油100克（見P.346頁和P.347）
迷迭香或其他含香氣的草本植物
芽菜（自選）
鹽和胡椒

草本柑橘油材料

橄欖油100克
檸檬百里香
新鮮馬鞭草
鹽和胡椒

作法

1 製作香草柑橘油，將橄欖油、檸檬百里香、馬鞭草嫩葉（同樣也能用檸檬香草或其他相似的葉子）、鹽和胡椒一起攪碎。

2 將鹽和胡椒加入雞胸肉調味，或將雞胸肉浸泡於濃度10%的鹽水中30分鐘（見P.144）。如果用第二種方式，必須將雞胸肉瀝乾。之後用刀子將雞胸肉切半。

3 在烤盤紙倒上1匙香草柑橘油之後塗抹均勻，並將雞胸肉攤平放於烤盤紙上。接著在雞胸肉上方再淋上一點香草柑橘油。

4 用烤盤紙包覆保護雞胸肉包，接著桿麵棍或煎匙拍打雞胸肉直到厚度均勻。甚至也可將雞胸肉放在兩塊砧板中間壓平。

5 將雞胸肉連同烤盤紙放在溫度很高的鐵板或烤架上燒烤1分鐘。烤盤紙除了能讓雞胸肉維持均勻厚度之外，也可預防雞胸肉沾黏於鐵板或烤架。

6 將蔬菜切成棒狀，櫻桃番茄切半，之後連同雞油菌蘑菇一起放到鐵板上煎烤。

7 將雞胸肉從烤盤紙中取出，並連同炒好的蔬菜一起放入盤中。淋上柑橘油和柑橘味奶油，再用迷迭香、其他草本植物或芽菜裝飾，即完成料理。

柑橘油和柑橘風味奶油替這道簡單的烤雞排料理增添不同的風味，讓食用者有不同的體驗。

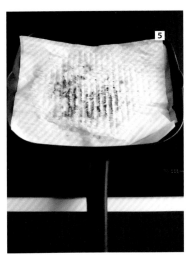

沙丁魚脆餅

料理時間：**30分鐘** │ 難度：**容易**

食材備料：4人份

冷凍預烤麵包

去骨沙丁魚16片

橄欖油100克

熟番茄75克

茄子50克

櫛瓜50克

洋蔥75克

青椒75克

紅椒75克

細葉芹

鹽和胡椒

作法

1 將預烤麵包切成相當薄的薄片。若沒有切片機，可將吐司片用烤盤紙包覆，再壓成薄片。

2 將沙丁魚浸泡於濃度10%的鹽水中5分鐘（見P.144）去除血漬及調味，之後將沙丁魚瀝乾後備用。

3 將番茄汆燙後去皮去籽，並切丁，其他的蔬菜也用同樣方式處理。將櫛瓜和茄子加鹽靜置，好出水降低其酸度。

4 將洋蔥放入平底鍋，加入橄欖油，用中火炒5分鐘。加入青椒和紅椒再炒3分鐘，之後加入瀝乾的櫛瓜和茄子再炒4分鐘。加入番茄之後再炒5分鐘，加入鹽和胡椒調味之後保存。

5 將沙丁魚置於麵包薄片上，魚身要是超出麵包太多的部分，可以切掉一些。

6 將麵包薄片連同沙丁魚一起放入平底鍋，麵包那面朝下，用小火慢烤直到魚也熟透。只烹調麵包那一片即可，不用翻面。

7 將沙丁魚排放在用碎蔬菜做成的基底上方，淋上加入細葉芹和鹽的調味油。再用細葉芹葉裝飾，即完成料理。

這道脆餅料理技巧在於，完整保存沙丁魚肉的軟嫩，避免讓沙丁魚直接跟鐵板接觸，而麵包讓料理有脆度，且不破壞主要食材本身原有的特色。是一種有趣的脆餅製作方式，我們也可以用這種方式製作其他口味的脆餅。

上光和焗烤

這兩種烹飪技術，能讓料理質地清脆可口，外觀呈金黃色且美味；甚至可用於擺盤裝飾，讓料理的色彩更明亮且更吸引人。

烹飪方式	強調風味的濃郁
相近烹飪方式	沸煮後煎炒（煎成金黃色，使用大火和油脂將已煮熟食材油炸呈金黃色，例如將沸煮過的馬鈴薯炸成金黃色）。

上光和焗烤是兩種補充烹飪的方式，將已預煮過的食材烹煮得更完整。兩種方式都需以烘或烤的方式烹煮，可使用烤箱或烤爐執行。

上光和焗烤不同之處，在於烘焙上光需要刷上蛋液，讓食物表面覆蓋一層明亮的金黃色薄膜；而焗烤是為了製作出料理質地酥脆較，通常需搭配乳酪或麵包粉一起烹調。兩種烹飪方式最終的目的，在於透過直接加熱的方式加深食物表面的顏色、提升其味道、香氣和質地，或用快速烹飪的方式，將食物迅速接觸熱源，以獲得酥脆質地。

上光除使用油或蛋液，但也可以使用糖和油脂混和，或像是含有明膠和糖的濃縮液體，鋪在食物表面，外觀顏色更具特色。同樣也可以將蜂蜜、醬油或其他較濃稠的醬汁混合成為蜜汁使用。此外直接將糖霜撒在甜食上的動作，也叫做烘焙上光。

烤鮭魚佐荷蘭蒔蘿芥菜醬

料理時間：30分鐘｜難度：容易

食材備料：4人份

新鮮鮭魚600克、韭蔥100克
奶油30克、白蘿蔔100克
櫛瓜100克、胡蘿蔔100克
吐司1片、鹽和胡椒

<u>荷蘭醬材料</u>

液態奶油300克、蛋黃3顆
黃芥末10克、新鮮蒔蘿5克

作法

1 將白蘿蔔和胡蘿蔔用刨絲板切成麵條狀。

2 將所有蔬菜分開沸煮，讓每種蔬菜達到其適當的熟，煮好後冷卻保存。將韭蔥切片，用奶油慢慢煨至完全變軟，但不要太過而導致焦糖化反應。

3 製作荷蘭醬（見P.331），將3顆蛋黃和液態奶油混合，之後加入蒔蘿和芥菜。用隔水加熱方式加熱至60℃。

4 烤吐司。

5 將鮭魚切片成約0.5公分厚度，越均勻越好。

6 將一匙熱的韭蔥奶油淋在烤好的吐司上方，之後放入鮭魚切片。淋上醬汁後放入烤箱烘烤。

7 烘烤完成後擺上麵條狀蔬菜，再用新鮮蒔蘿裝飾即可上菜。

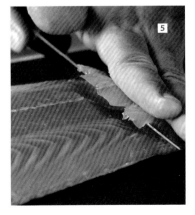

鮪魚鷹嘴豆泥佐醬油

料理時間：30分鐘｜難度：中等

食材備料：4人份

400公克鮪魚片1片

烤芝麻

青紫蘇和紅紫蘇葉（或蔥芽菜、黃豆
芽菜、蘿蔔芽菜、芥菜芽或碎蔥）

<u>鷹嘴豆泥材料</u>

煮熟鷹嘴豆200克

烹煮鷹嘴豆過的水30克

橄欖油25克

芝麻醬2克（或芝麻油）

大蒜1克

小茴香1克

鹽和胡椒

檸檬

<u>醬油材料</u>

黃豆60克

橄欖油60克

作法

① 製作鷹嘴豆泥：將鷹嘴豆沸煮完成後，保留一部分煮豆水之後使用。若買的是盒裝鷹嘴豆，可保留盒內汁液，或可使用淺色底湯或蔬菜高湯。將鷹嘴豆放入攪拌機，加入大蒜、檸檬汁、小茴香、部分煮豆水、芝麻醬或芝麻油，一起攪拌。攪拌過程中不加橄欖油。如果需要，可以加入更多的煮豆水，繼續攪拌至其光滑黏稠（要比濃湯更濃）。加入鹽和胡椒調味之後備用。

② 將鮪魚片放入平底鍋快煎，煎至外部呈金黃色，但內部肉質仍軟嫩即可起鍋。鮪魚片冷卻後，再切成約0.5公分厚的薄片，覆蓋保鮮膜後保存。

③ 製作醬汁：將60克橄欖油和60克醬油混合。

④ 用隔水加熱或微波爐，慢慢將作法1的鷹嘴豆泥加熱。

⑤ 用2湯匙的鷹嘴豆泥鋪於湯碗底部做基底，之後放上鮪魚切片，淋上醬汁調味，並使用烤箱或烤爐稍微烘烤。

⑥ 從烤箱將料理取出後，加入烤芝麻、紫蘇葉或芽菜，即可立即上菜。

料理的最後一步驟，用鮪魚薄片覆蓋鷹嘴豆泥，再進烤爐稍微烘烤，以鮪魚薄片代替常見的焗烤，可以視為一種創意的焗烤方式。運用醬油和橄欖油調配出來的醬汁滋味，也替這道料理大大加分。

舒肥法（真空低溫烹飪）

舒肥法是現今烹飪的趨勢，其對於火候的掌控以及溫和烹飪的特徵，特別受到專業廚師們的推崇，如今不論在專業廚房或一般家庭都能實現。

烹飪方式	✖✖ 強調風味的濃郁
相近烹飪方式	蒸氣烹飪、慢火蒸煮 糖漬

舒肥法（真空低溫烹飪）是一種簡單的烹飪方式，但會需要一台特殊的自動調溫烹飪機，以及其他的廚房用具。烹飪前必須先認識機器和廚房用具的特性，特別是烹飪技術基本的執行方式。

此烹飪法，需將所有要真空烹煮的食材放入真空袋，並用特殊的真空密封包裝機將袋口密封（真空袋可於廚房用具專賣店購買，跟一般的食物保鮮袋不同）。

接著把裝有食材的真空袋放入自動調溫烹飪機，這是一台透過熱對流間接加熱，並能掌控溫度及提供水恆定循環的機器。由於此機器的烹飪參數跟其他傳統方式明顯不同，所以烹飪前詳細閱讀使用說明相當重要，從中也可以找到每種食材適合的真空烹飪指示，像是烹飪時間和所需溫度。

市面上已有專為真空烹飪方式設計的食譜，不但提供烹飪的步驟，也協助我們對於這項革命性的烹飪方式更為熟悉。

真空烹飪方式可分為兩種，分別為「直接烹飪」和「間接烹飪」，使用的方式取決於食物是要立即食用或保存。

步驟
1 準備好所有食材。
2 依照食譜指示，將烹飪前所需的準備工作完成（某些情況下需要預煮食材，例如煎炸、集中加熱、調味、焯水等）。
3 將食材和所有配料一起放入真空袋（如有預煮須等冷卻後）。
4 使用真空包裝袋，以溫控方式使用蒸烤爐烹飪，或恆溫隔水加熱的方式製作料理。在某些情況下，同樣也可將真空袋放入沸水中或極高溫的水中（用於烹煮蔬菜）烹煮，亦可使用微波爐烹飪。

舒肥法（真空低溫烹飪）

直接烹飪法

直接烹飪法的目的，和大部分現代烹飪技術相同，都是為了使料理擁有最佳品質，讓味道和質地都在最好的狀態。使用此方式烹飪的料理，通常是為了立即食用，它可以縮短烹煮時間，且用較低的溫度烹飪。通常用於質地柔軟且簡單快速烹飪即可完成的食材，像是魚類；將溫度設定50℃至55℃，烹煮10至20分鐘即可上菜。

直接烹煮法所使用的食材則必須要相當新鮮，因為烹飪的溫度很可能會未達能消滅微生物的安全溫度65℃。但也不需要太擔心，因為傳統烹飪技術中有多種食材也面臨相同情況，像是半熟漢堡、烤牛肉、烤蝦等。只要跟平常一樣，確保每樣食材的衛生與品質新鮮，即可安心食用。

直接烹飪法			
鮪魚、鱈魚、鮭魚、鯖魚	45℃ / 50℃	10分鐘 / 15分鐘	40℃ / 45℃
金頭鯛、鱸魚、鮟鱇魚、鱈魚	50℃ / 55℃	10分鐘 / 20分鐘	45℃ / 52℃
三分熟肉類（牛腩、肋排）	50℃ / 65℃	10分鐘 / 30分鐘	50℃ / 55℃
五分熟肉類	60℃ / 65℃	10分鐘 / 30分鐘	58℃ / 62℃
全熟肉類	65℃ / 70℃	20分鐘 / 30分鐘	65℃ / 70℃

真空低溫鮭魚佐橙醬

料理時間：1小時│難度：中等

食材備料：4人份

4片150克的去刺鮭魚排、荷蘭豆

奶油、鹽

柑橘凝膠材料

水125克、糖25克

酸橙皮、檸檬皮、葡萄柚皮

洋菜2克、柑橘果汁25克

柑橘醬材料

柑橘凝膠150克（之前已備好）

初榨橄欖油50克

柑橘油材料

柑橘類果皮5克、葵花油80克、鹽

作法

1 製作柑橘凝膠：將水和糖放入鍋中煮沸，之後關爐火，將切成薄條狀的果皮放入鍋中，並蓋上鍋蓋浸味15分鐘。待冷卻之後過濾掉果皮。將煮好的糖漿和洋菜混合之後煮沸，煮沸時加入25克的柑橘果汁，最後從火爐移開，放入冰箱以利凝結。

2 製作柑橘醬：需使用攪拌器將柑橘凝膠攪碎，並慢慢加入橄欖油以利凝膠變成乳狀，完成之後保存。

3 製作柑橘油：將柑橘果皮切成薄條狀，之後跟葵花油和鹽混合。

4 將荷蘭豆放入鹽水烹煮，完成後放置冷卻。

5 將鮭魚放入濃度10%的鹽水中浸泡約15分鐘（見P.144）。

6 將鮭魚瀝乾之後，撒上幾滴柑橘油，並放入真空袋。

7 將真空袋抽空密封後，放入自動調溫烹飪機，設定50℃烹煮15分鐘。

8 將荷蘭豆加入一小塊奶油和幾滴水，一起翻炒30秒。

9 將鮭魚從真空袋取出，趁熱放入盤中，並淋上柑橘醬和放入荷蘭豆，最後加入幾滴柑橘油調味，即完成。

5
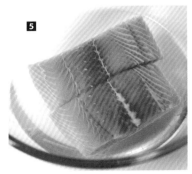

6
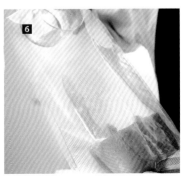

7
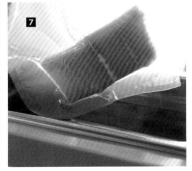

間接烹飪法

間接烹飪法目前已是真空烹飪最常使用的方式。很多年前，食品業就已將這種技術運用於烹飪的前置處理和料理的保存。

此烹煮法強調食品安全勝於美味，訴求食物以最好的品質呈現。烹飪的基本條件也相當明確，烹飪時，食材中間部位的溫度必須超過65℃，且須維持烹煮超過30分鐘以確保衛生。此外烹煮完成的食物，也必須於2小時內快速冷卻至4℃。

間接烹飪和直接烹飪的差異，在於間接烹飪需要更長的時間，也因此，這種方式適合用在需長時間烹調煮軟的硬質肉類。相反地，間接烹飪不適用於魚類，因為會使魚類的肉質將變得非常乾澀。

這種烹飪方式，通常必須執行兩道精確的步驟，由於真空烹煮後，肉質會變得軟嫩多汁，緊接著再用高溫烹調執行第二道步驟，加強肉類的脆度和香氣，以及透過烤架、鐵爐或烤箱烘烤，使其外觀包覆金黃色外皮。

間接烹飪法使用的溫度從65℃起，可選擇不同的溫度變化，使用高溫可協助縮短烹飪所需的時間，也取決於每種食材的不同特性（柔軟與否）以及體積大小（完整或切成塊狀）。由於間接烹飪法主要用於確保食物的保存性，所以有時使用較高溫度更能發揮效力，例如使用80℃可使烹調過程更為快速，食物在保存後質地不會有太大的差異，還可預防食物本身的汁液流失。

另外，當我們烹煮時，千萬不可中途停止或中斷，因為這樣會無法確保食物的衛生。為使烹煮更完美，可將蔬菜放入真空袋，並留一小塊不包裝直接烹煮，烹煮時，當我們看到未包裝的蔬菜已熟，則表示真空袋內的蔬菜也烹飪完成，即可將它們從袋中取出。

步驟

1 準備好所有食材。

2 預煮所有需要事先烹煮的食材。

3 待預煮食材冷卻之後，將主食和配料用真空袋包裝在一起。

4 根據食譜和機器指示的時間和溫度烹調。

5 迅速冷卻食物（放入加冰塊的冷水），之後放入冰箱冷藏或冷凍，待需使用時再取出。

6 根據食譜所需，將食物進行「再生」（意指恢復食物煮熟時的溫度）。可依照上方提及的第二個步驟進行。

間接烹飪法溫度

肉類	溫度設定65°C 所需烹飪時間	溫度設定80°C 所需烹飪時間
牛頰肉	34小時	18小時
豬臉頰和下巴部位	24小時	12小時
牛背部位	22小時	6小時
豬肋排	18小時	10小時
牛腱	24小時	10小時
牛舌	36小時	18小時
鴨胸	50分鐘	20分鐘
豬鼻、豬耳朵、豬蹄	36小時	18小時
鴨腿	16小時	8小時
雞腿	3小時	1小時30分鐘
山羊肩肉	20小時	12小時
羔羊肩肉	24小時	18小時
五花肉	18小時	12小時
雞胸肉	25分鐘	16分鐘
全雞	10小時	3小時

蔬菜	溫度設定85°C 所需烹飪時間	溫度設定100°C 所需烹飪時間
茖蔥菜	15分鐘	8分鐘
新鮮大蒜	25分鐘	10分鐘
朝鮮薊	45分鐘	27分鐘
芹菜、櫻桃蘿蔔	30分鐘	9分鐘
櫛瓜（切成直徑1公分）	15分鐘	4分鐘
小櫛瓜	20分鐘	7分鐘
南瓜	15分鐘	6分鐘
蘑菇	16分鐘	7分鐘
高麗菜	35分鐘	20分鐘
花椰菜	40分鐘	20分鐘
白蘆筍	40分鐘	18分鐘
綠蘆筍	24分鐘	8分鐘
冷凍蠶豆	20分鐘	15分鐘
小茴香	50分鐘	24分鐘
黑蘿蔔	25分鐘	14分鐘
蘿蔔	15分鐘	12分鐘
馬鈴薯薄片（直徑1公分）	25分鐘	10分鐘

真空料理羔羊肩佐糖漬蔬菜

料理時間：12小時或24小時

（根據所選的烹煮方式）│難度：中等

食材備料：4人份

羔羊肩肉1500克

橄欖油100克

小豆蔻12克

大蒜3顆

新鮮迷迭香

新鮮百里香

紅胡椒粒、黑胡椒粒、白胡椒粒

鹽

糖漬蔬菜材料

馬鈴薯400克

橄欖油200克

肉高湯60克（自選）

珍珠洋蔥24顆

大蒜3顆

番茄1顆

黑胡椒籽

作法

1 將羊肩肉切成3小塊，每小塊重量約350克，之後放入濃度為10%的鹽水浸泡1小時（見P.144）。

2 將羔羊肩肉、黑胡椒籽、豆蔻豆、3顆大蒜、迷迭香一起放入真空袋，並加入1匙橄欖油，之後盡量完全真空密封。

3 將羔羊肩肉放入自動調溫烹飪機中烹煮，溫度設定65℃，蒸煮24小時；或溫度設定80℃，蒸煮12小時。

4 將烹煮完成的食材不要拆封連同真空袋一起放入冷水中冷卻。

5 製作糖漬蔬菜，將馬鈴薯切片，並將珍珠洋蔥去皮，完成後和3顆大蒜與黑胡椒籽一起混合，倒入橄欖油覆蓋於鍋中進行糖漬。將番茄汆燙之後去皮，之後切丁，再放入溫和的橄欖油中糖漬。

6 將置於真空袋中已烹煮過的羔羊肩肉放入溫水中加熱，烹煮溫度不可高於之前所使用的烹煮溫度。

7 將真空袋打開，連同真空袋將肉放入煎鍋或烤肉架，但只限於烤帶皮部位。煎烤動作必須迅速完成，將肉表皮煎烤成金黃色，並強化肉的味道，注意煎烤的熱度不要穿透至肉內部，如此才能在將肉從真空袋取出時，維持肉質的柔軟和甜味。烤肉的同時也將蔬菜配料（切丁番茄、馬鈴薯和珍珠洋蔥）放於烤肉架或已開大火的火爐燒烤。

8 若想善用真空袋中所殘留的湯汁，可將湯汁和肉高湯（見P.324）混合在一起，以便製成少量的醬汁。

9 將蔬菜配料和羔羊肩肉擺盤，並加上迷迭香、百里香及幾滴肉汁醬，即完成料理。

蔬菜沾醬

料理時間：1小時｜難度：容易

食材備料：4人份

櫛瓜50克、胡蘿蔔50克

芹菜20克（挑選較為柔軟的葉子）

蘿蔔50克、南瓜50克

鷹嘴豆泥材料

煮熟的鷹嘴豆100克、鷹嘴豆汁15克

橄欖油15克、芝麻醬2克（或芝麻油）

大蒜1顆、鹽、胡椒粉、檸檬、小茴香

青瓜酸乳酪醬材料

濃稠的希臘優格1杯、薄荷

小黃瓜15克、檸檬汁5克、鹽、胡椒粉

酪梨醬材料

酪梨1顆、橄欖油25克、成熟番茄1顆

洋蔥1顆、塔巴斯科辣椒醬

檸檬汁、鹽、胡椒粉

作法

1 清洗芹菜，挑揀最柔軟菜葉部分並保存，之後用於擺盤。剩餘蔬菜清洗後放入真空袋真空包裝。若使用熱對流間接加熱或使用蒸烤爐烹煮，必須使用的溫度為85℃，但若用鍋中的沸水烹煮（見P.303列表），則表示溫度為100℃，完成之後冷卻保存。

2 製作鷹嘴豆泥：若自行在家中烹煮鷹嘴豆，要將豆子瀝乾，並保留一部分的汁液。若是買現成煮好的鷹嘴豆，保留用多餘的湯汁，或製成淺色底湯或蔬菜高湯（見P.322至P.323）。

3 將鷹嘴豆、大蒜、檸檬汁、小茴香、一部分的鷹嘴豆汁、芝麻醬（或芝麻油）放入杯中，將它們搗碎並慢慢倒入橄欖油，可倒入更多的豆汁，直到口感達到順口，且質地濃稠（似泥狀的濃稠而非濃湯狀）。再酌量加入鹽和胡椒粉，之後並保存。

4 製作小黃瓜優格醬，將優格、搗碎的薄荷、切丁的小黃瓜和檸檬汁混合在一起，再撒一些鹽和胡椒粉調味。

5 製作酪梨醬，將洋蔥搗碎，並將番茄切丁，將酪梨果肉取出（果肉需已成熟），用叉子將酪梨、檸檬汁和橄欖油混合搗碎。將混合物和碎蔬菜混合，加入鹽和胡椒粉調味，並加入塔巴斯科辣椒醬提味。

6 將番茄汆燙之後去皮去籽，之後切丁。將洋蔥切丁。

7 將3種醬料各別放入杯中或碗中，將蔬菜放於另一碗中，以便食用者可以慢慢地品嚐，也能將蔬菜搭配醬料食用。

這是一道適合一起分享的開胃料理，透過真空烹煮方式，使蔬菜極具美味，且如同生菜般脆度十足。可搭配所建議的沾醬食用，或根據烹飪者和食客的喜好，搭配其他佐料食用。

真空蔬菜湯

料理時間：3小時 │ 難度：容易

食材備料：4人份

紅蘿蔔200克、韭蔥100克
芹菜10克、蘿蔔80克、洋蔥200克
歐芹1束、蝦夷蔥8顆
婆羅門蔘40克、冰塊500克

作法

1 將所有蔬菜清洗乾淨之後去皮，再切成絲。

2 將蔬菜連同冰塊一起放入真空袋，並百分之百
完全真空包裝。

3 將包裝好的真空袋放入自動調溫烹飪機或蒸烤
爐中，設定溫度85℃，烹煮3小時，烹飪溫度可
以介於65℃至100℃中選擇，但溫度差異會造成
口感不同，可依照個人喜好調整烹煮的溫度。

4 待烹煮時間結束後，將真空袋打開，過濾並冷
卻蔬菜湯。

透過低溫真空方式烹煮湯品有許多好
處：第一，可保留更多蔬菜營養素，
烹煮的湯汁還可製作成菜泥或濃湯；
第二，湯品口感比直接沸煮的更香醇

順口，也更為自然；最後，烹煮完成
的湯品不會產生揮發現象，蒸煮後的
容量和烹煮前放入的容量相同，且湯
品呈透明狀。完成的湯品可用來當作
羹湯或高湯，添加更多豐富的食材，
或可做為底湯製作更多不同的菜餚，
提供菜餚更多的風味以及濃郁口感。

真空蔬菜佐茴香草

料理時間：2小時│難度：中等

食材備料：4人份

橄欖油60克

馬鈴薯75克、番薯75克

胡蘿蔔75克、白蘿蔔75克

朝鮮薊4顆、蘆筍12條

歐防風75克、蒜苗12顆

荷蘭豆或四季豆100克

生薑15克、胡椒粉

茴香草油材料

茴香草（小茴香、龍蒿、細葉芹）

橄欖油60克、鹽

作法

1 將所有蔬菜清洗乾淨，並切成不同的形狀：將白蘿蔔、胡蘿蔔、蘆筍和蒜苗切條；番薯和馬鈴薯切成圓片或半圓狀；歐防風切絲；朝鮮薊切成方塊。荷蘭豆則維持原狀。

2 將蔬菜分別真空包裝，並根據列表上的溫度進行烹煮：如採用自動調溫烹飪機和蒸氣火爐烹煮，則溫度須使用85℃，但若選擇直接放入滾水鍋中烹煮，則溫度須使用100℃（見P.303列表）。

3 根據表上的烹煮時間結束後，去除袋子，以便冷卻和保存。

4 撕開所有裝袋，並盡量保留所有袋子中的湯汁。

5 製作茴香草油，將草葉搗碎之後，加入橄欖油和鹽混合。

6 將生薑剉泥或搗碎，加入少許的油，放入鍋中進行油燜。接著放入蔬菜並翻炒分鐘。

7 倒入殘留於真空裝中的蔬菜湯汁，再烹煮2分鐘。

8 將蔬菜從火爐移開後，加入橄欖油調味，並撒上顆狀胡椒粉提味後，即可上桌。

一旦利用自動調理機和工具來掌控烹調溫度，真空烹煮法就變得十分簡易，除了美味，也能善用食物本身的營養。烹煮完成的蔬菜，甚至不需加鹽調味，因為在烹煮過程中的汁液已保留含有礦物鹽。所以，此種烹煮方式極適合無法食用鹽或低油節食的人們。除此之外，它的迷人之處，就是能保有食物的原汁原味。

微波爐烹調

這個實用性家電所擁有的效能，不但可使食材保留原汁烹煮，甚至不需添加水或是任何油性物質，是擁有許多烹飪功能的實用家電。

無庸置疑，微波爐幾乎是家家戶戶必備的家電之一，其加熱的方式是劃時代的，與自從人類發現火之後以直火煮食的方式截然不同。然而正因如此，微波爐的安全問題始終具有爭議，熱愛擁護和堅決反對的聲音十分兩極。

近期發表的研究中，已確認使用此類火爐烹煮的安全性無疑慮，並證實烹煮時造成食物中所含的營養成分流失其實和蒸煮方式差不多，而較沸煮方式佳。世界衛生組織曾於2005年2月時曾發表一篇論文，文中指出只要使用者遵照使用說明，微波爐是極為安全的烹飪家電。而世界衛生組織與國際非游離輻射防護委員會同樣以針對輻射安全做評估，證實微波爐產生的輻射量，跟手機產生的輻射量一致。

傳統烤箱和微波爐的主要差異在於熱的傳導方式。傳統烤箱的熱能永遠是由食物的外至內傳導；但微波爐的傳熱方式是透過電磁波促使食物內部的水分子摩擦產生熱能，並傳送至其他的分子進行結合，沒有固定方向。而微波爐跟烤箱最大的差異，在於烹飪的過程更為快速，其加熱速度是一般瓦斯爐或其他電爐的4倍。

在大多數的家庭中，微波爐的使用仍侷限於簡易的操作，像是加熱或解凍食物。但其實使用微波爐烹飪某些特定的食物（調味醬汁、醬汁、湯品、湯底）是十分有趣的，微波爐不但可以保有食物本身的汁液，也保留了食物的營養成分和所有的味道。肉類、米飯、蔬菜和魚類，皆可透過微波爐的烹煮得到絕佳的烹飪成果，此外，微波爐也可用來脫水或將食物瀝乾，甚至用於烘烤蛋糕也相當容易。

近年來，專為微波爐使用所設計的烹煮工具和廚房用具越來越多，有助我們更充分地使用微波爐。為了讓微波爐發揮最大效能，詳細閱讀每項機種的特性和烹飪的可能性是非常重要的，如此才能讓我們依據想要烹煮的食材，精確調控微波爐溫度，讓烹飪過程更為快速。

使用建議

■ **先將食材切分**：應避免放入完整或大塊體積的食材，微波爐通常僅能滲透至食物內部1到2公分，之後熱能再透過分子的摩擦進行傳送，因此最好將食物有秩序地排列在盤中或容器裡。

■ **在烹煮過程中翻動**：微波爐烹煮的過程中，最好暫停烹煮1至2次，翻動食物有助於烹煮均勻。因為放在邊緣的食物會最先受熱，所以必須先將外圍食材盡量聚於器皿中間，這樣亦可使食物保溫更久。

■ **加入少許的水**：不要過多，只需要少許的液體，因為大部分的食物本身已含有水分。

■ **覆蓋**：使用保鮮膜或蓋子將食物包好覆蓋，避免食物直接放進微波爐。

■ **使用適當器具**：使用玻璃、陶器、瓷器或陶瓷器皿。不可於微波爐中放置金屬材質製品和鋁箔紙，因為電磁波會在它們之間引起反彈作用，並可能使微波爐損壞。同時，也盡量不要使用紙類或紙盒，以免引起自燃現象；也不能使用塑膠材質製品，因為會產生有毒物質。可適用於微波爐的器具，通常都會註明標誌。

■ **模具內麵糊只要填充一半**：麵糊在微波爐中的膨脹程度會比一般傳統火爐還要高，所以不建議將模具完全填滿。

黑橄欖油

料理時間：10分鐘（微波爐）或12小時（脫水機）｜難度：容易

食材備料：4人份

黑橄欖300克（卡塞雷斯、阿拉貢等多樣品種…）

初榨橄欖油80克

作法

1 可選擇微波爐或乾燥機將橄欖脫水。微波爐脫水速度較快，食物脫水機脫水速度較慢，但較能保留食物本身的香味。若選擇微波爐脫水，則必須設定中等強度，運轉時間約3分鐘，直到橄欖水分脫乾為止。若使用食物脫水機，將橄欖放入之後，溫度設定80℃，時間為12小時，以便能將橄欖的水分完全脫乾。

2 橄欖水分脫乾後，加入橄欖油，並使用攪拌器將脫乾的黑橄欖攪碎，亦可使用食物料理機絞碎，直到萃取出純淨的黑色液體即完成。將黑橄欖油放入密封容器保存。

為了取得品質優良的黑橄欖油，製作前的脫水乾燥程序是必須的。這個程序可以使黑橄欖完整地跟油混合，如果沒有脫乾水分，則會呈現濃稠狀，無法達到本食譜理想中的液態狀。

紅緇魚佐檸檬葉

料理時間：1小時｜難度：容易

食材備料：4人份

紅緇魚4條

檸檬葉（或相似的葉菜，如葡萄葉、
馬鞭草等）

檸檬1顆、紅蔥頭1個

奶油200克、蝦夷蔥

葵花油、紅胡椒和黑胡椒粒

小豆蔻、鹽

作法

1 製作香料油：將葵花油、紅胡椒、黑胡椒、少許小豆蔻以及1顆檸檬皮刴削一起混合攪拌，並保留部分碎檸檬皮之後用於擺盤。

2 將紅緇魚去刺並保留魚刺。在魚身塗滿鹽，或放入濃度為10%的鹽水浸泡5分鐘（見P.144）。

3 將混合完成的油塗抹於鱒魚表面，之後將魚肉擺放於檸檬葉上方。

4 用防油紙將魚肉和檸檬葉捲曲包覆，並放於冰箱保存。

5 製作紅緇魚湯：將魚骨浸泡於冷水中6小時以去血。過濾之後放入平底鍋稍微煎一下。再將魚骨放入沸水鍋中加蓋沸煮30分鐘，撈出魚骨即完成魚湯。

6 製作橙醬：將切成丁狀的紅蔥頭和少許的奶油加熱混合，並倒入50克的檸檬汁攪拌至幾乎完全收乾為止，之後倒入100克的魚湯攪拌至收乾一半。

7 關火之後，倒入奶油塊使其乳化。

8 將熱醬料保溫，但不可將它再度煮沸或放置冷卻。

9 將紅緇魚放入微波爐中，設定800瓦烹煮20秒（如果肉質較大塊，時間可稍調整）。烹煮速度必須快，使魚肉的肉質可以保持如同生魚般軟嫩。

10 將橙醬鋪於盤底，並放上烹煮完成的紅緇魚。

11 加入幾滴特製的香料油，並撒上碎檸檬皮和碎蔥以增加香氣。

基底

基底

醬汁、湯汁、碎料、醬底、烤麵包片、調味汁，以及其他許多在食譜描述中被認為是配料的項目，在許多情況下，都是完成料理必不可少的重要元素。

一道美味的魚湯燉飯必須要有好的高湯，製作某些特定菜餚時，高湯、醬底或碎料是必不可少的；一道新鮮特別的沙拉需要使用調味沙拉醬提升口感；此外還有傳統麵卷[1]中細膩的白醬等。這份清單是無止境的，基底在料理中總是扮演著輔助的角色，它可以讓料理更美味、結構更完善、香氣更怡人，甚至更加豐富特別。

基礎的配料製作也是專業烹飪中所包含的一部分。湯底、醬汁、濕料[2]和其他小配料經常被做為許多料理的基底，讓料理臻於完美或賦予料理獨特的風格。製作方式可以簡單，也可以複雜，但都能賦予料理驚人口感，而食品工業中常使用的配料，也讓烹飪花招更上一層樓，如食物添加劑可改變食物的口感、質地、形狀、顏色，甚至可以加入氣體、乳化、變濃稠、變凝膠或晶球形化等不同方式，這些技術目前已能在家中的廚房實現。熟悉這些技術有助於執行烹飪前的準備工作，讓料理更加美味，也讓我們能將創造力發揮於料理製作。

---

[1] Canelones是一種西班牙的家常菜，是一種類似千層肉醬蛋捲的麵卷。
[2] 此處的濕料（Majado）指的是一種料理方式，是南美洲的食物，將乾玉米搗成粉，類似台灣的勾芡，但更濃稠。

基礎湯底

基礎湯底是燉飯、燉菜、燉肉、菜滷、醬汁等重要的元素，形態上可能是湯汁、湯底或高湯，這些湯雖簡單，但卻是料理的根本。

湯底或高湯的種類相當多樣，可依自己的喜好製作，但某些湯底或高湯有其慣用的準備方式，且被運用於眾多的料理和醬料，被認為是經典或基礎的湯底。通常分為三種，分別為：淺色湯底、蔬菜湯底、深色湯底、魚高湯。

建議

■ **烹飪前置工作（若需要）**：所有的食材烹飪前應清洗乾淨；肉類應先焯水清理（見P.177）。同樣也能將食材切成適合的大小，調味用蔬菜切成大塊，肉類或魚類切成中等大小。

■ **從冷水開始烹調**：湯底製作必須從冷水開始烹煮，讓食材的味道可以擴散到水中。一開始烹煮時必須用大火，當水開始沸騰時將火關小，使湯溫和且不混濁。

■ **蒸煮時不加鹽**：通常湯底在使用前才會放入鹽調味，因此在製作時不需加鹽。無論是用來當基底或配料，都得等到確認要搭配的料理類型之後，才用鹽調味。用鹽的比例為每1公升的湯底加入7至10克的鹽。若是用於煮飯的湯底，加入7克的鹽應該就足夠，因為煮沸時水分會被蒸發，鹽將濃縮於湯汁中。

■ **撈除湯面泡沫與油脂**：開始烹煮時，同時必須不斷地將表面的泡沫撈起，防止不好的味道殘留。若有必要，在製作過程中必須執行多次去脂的動作，當脂肪凝固時，將湯過濾。

■ **控制時間**：烹煮時間的不同，取決於湯底類型及使用食材。烹煮魚湯所需的時間較短，而使用肉質較硬的肉類煮湯所需的時間較長。在任何情況下，食譜上所指示的烹飪時間，必須從湯開始沸騰時計算。

■ **加入香料調味**：加入一些配料來提升湯的香氣，或去除較難聞的味道，或中和味道較重的香料，像是丁香或胡椒。含有香氣的草本香料是不錯的選擇（例如法式香草束，見P.348）。

■ **過濾和冷卻**：烹煮的最後一個步驟，是將湯底過濾，撈除煮過的食物，靜置於乾淨的環境中冷卻，或隔水冷卻。蔬菜湯底和肉類湯底完成後，煮熟的蔬菜和肉類可用於製作炸丸子，或其他相似的料理。

■ **保存**：為了當作其他料理的製作基底或配料，通常湯底完成之後，必須冷凍保存，並在需要時運用於製作不同的料理。

■ **使用烹飪用袋**：將固體食材放入特殊的烹飪用袋中烹調，可防止湯底混濁，烹煮完成之後過濾也較為方便。

淺色湯底

淺色湯底是直接將食材放入液體中烹煮所得的結果，湯底的顏色會反映出選用的食材。

簡易高湯：顧名思義，作法相當簡單，是一種以運用手邊食材即興烹煮的湯，但卻能在某些料理達到畫龍點睛的作用

基本淺色湯底：同樣也相當簡單，它同時也是某些料理的基底，像湯品菜餚中的液體部分，但湯底更清淡且不濃稠。

家常自製高湯：不僅只是當作基底或配料，也能是一種料理，一道湯品。製作過程跟淺色湯底非常相似，但可使用較多樣和數量較多的食材一起烹煮（更多的肉、更多馬鈴薯或豆類，像是菜豆和鷹嘴豆），這類高湯濃度較高，也需要較長的烹飪時間。

簡易高湯 時間：20分鐘
製作2公升高湯材料
水2公升
高湯材料
洋蔥1顆、芹菜1束、白蘿蔔半顆
韭蔥1根、胡蘿蔔1根
法式香草束（自選）

作法
■ 清洗所有蔬菜並切成大塊。

■ 將所有食材放入鍋內，加入冷水後開始烹煮20分鐘，並適時去除泡沫。

■ 將要用高湯烹飪的食材用鹽調味，也經常會加入魚類和海鮮提味（例如蝦子）。

■ 煮好之後將爐火關閉，並將高湯過濾，若不馬上使用，先冷卻之後再保存。

基本淺色湯底 時間：2小時
製作3公升湯底材料
水4公升、豬骨或雞骨1公斤
洋蔥1顆、1束、韭蔥1根、胡蘿蔔2根
法式香草束（自選）

作法
■ 清洗蔬菜，切成大塊之後保存。

■ 將帶骨雞肉切塊。可以事先將雞骨頭焯水，清洗殘留雜質（見P.177）。

■ 將肉塊和蔬菜放入裝有冷水的鍋子，之後開始烹煮。

■ 烹煮全程中要撈除湯面浮出的泡沫，並適時去油脂。這類湯不是濃縮高湯，因此不需要烹煮太久，水分才不會蒸發太多，大約烹煮2小時，且鍋蓋半蓋即可。

■ 將煮好的湯過濾後冷卻。可以貼上標籤，之後放入冰箱或冷凍庫保存。

家常自製高湯 時間：4至5小時
製作4公升湯底材料
水5公升、4分之1隻老母雞（大腿）
牛小腿肉200克、牛骨或雞骨200克
洋蔥1顆、己削皮馬鈴薯1顆
胡蘿蔔2根、白豆或鷹嘴豆100克
芹菜1束、韭蔥1根、法式香草束

作法
■ 清洗所有蔬菜並切成大塊。

■ 將骨頭切塊，可以事先將骨頭焯水，清洗殘留雜質（見P.177）。

■ 將所有食材放入裝有冷水的鍋子，之後開始烹煮。

4 烹煮全程中要撈除湯面浮出的泡沫,並適時去油脂。將鍋子加蓋蒸煮,防止水分過度蒸發,蒸煮大約4至5小時。

5 將完成的湯底過濾冷卻後保存。

蔬菜湯底

它是一種輕盈、不含脂肪的湯底,可替料理增添清爽口感。看看冰箱若有即將壞掉的蔬菜,可以試利用它們做成蔬菜湯,替其他料理增添美味。真空烹飪法是製作蔬菜湯底的最佳方式,優點在於使用較溫和的溫度烹調,能夠保存蔬菜較多的營養成分。

蔬菜湯底 時間:1至2小時

製作3公升湯底材料

水4公升
白蘿蔔1根
胡蘿蔔1根
芹菜1束
洋蔥1顆
韭菜1根
月桂樹葉1片
法式香草束

作法

1 清洗所有蔬菜並切成大塊。

2 將鍋子放入冷水後開始煮沸,當水煮沸時將蔬菜放入,之後蒸煮1至2小時。

3 撈起鍋內蔬菜並冷卻湯底。

4 將蔬菜湯底放入冰箱或冷凍庫保存,並標示製作日期。

1

深色湯底

深色湯底的製作，除了前置工作和預煮食材外，
幾乎都需要使用烤箱（特別是肉類）。燒烤能夠
使湯底的味道更甜美。此外，烹煮時間也較長，
目的在於讓湯的味道濃縮集中。烹煮5小時，湯
的水分蒸發約達20%，最為理想的狀態是跟燉菜
燉菜中的湯汁類似；若讓湯底過分收乾，可料
理成醬汁，像是肉醬（烹煮8小時，蒸發50%湯
水）或濃肉醬（烹煮24小時，蒸發80%湯水），
皆為法式料理常用的經典醬汁，有助於肉類調
味。

深色湯底 時間：5至24小時
製作4公升湯底材料
水5公升、牛骨骼
牛肌腱和牛肉切塊共1公斤
胡蘿蔔1根、番茄2顆、洋蔥1顆
韭蔥1根、芹菜1束、大蒜5顆
紅葡萄酒半公升、油70克

作法

1 將烤箱預熱180℃，將肉類食材放入烘烤至表
皮呈金黃色，烘烤的同時將蔬菜清洗並切成大
塊。

2 可以用三種方式烹煮蔬菜，分別為用湯底的
水悶煮；跟肉類食材一起放入烤箱烘烤；用油
小火煨，之後跟烤好的肉類一起放入鍋中。

3 將烤好的肉類放入鍋中。

4 倒入葡萄酒之後，慢慢收乾湯汁。

5 收集烤盤上殘留的肉類汁液到入鍋中。

6 倒入水之後煮沸，之後用小火不加蓋慢煮。

7 適時將泡沫和脂肪撈起。

8 將湯過濾並冷卻，因水分蒸發，所以烹煮完
成的湯質地較濃稠。

基底

魚湯底

魚高湯是一種製作簡單的湯,可運用於烹飪所有類型的燉飯和魚料理。它的製作步驟跟淺色湯底或簡易高湯相似,烹煮的時間通常很短,大約20至30分鐘即可完成魚高湯。如果想要烹煮味道較重的魚高湯,須在過濾之後繼續蒸煮收乾。但同樣也可以用跟製作深色湯底相似的步驟製作,也就是說將魚先用烤箱預煮烘烤至表面呈金黃色,加強魚的味道。這個方式製成的魚高湯經常被運用做為海鮮料理的基底。

魚高湯 時間:20至30分鐘
製作3公升湯底材料
水4公升、帶刺魚肉
魚頭或適和煮湯的魚1公斤、胡蘿蔔1根
芹菜1束、洋蔥1顆、韭蔥1根
月桂樹葉1片、法式香草束

作法

1 清洗所有蔬菜並切成大塊。

2 將魚骨切開,魚頭扳開清除內鰓,並用大量的冷水清洗乾淨。

3 將魚和蔬菜放入冷水中開始烹煮。蒸煮20至30分鐘,過程中注意泡末生成並撈起。

4 將魚高湯過濾,若不馬上使用,必須迅速將魚高湯冷卻,貼上製作日期的標籤後,放入冰箱或冷凍庫保存。

海鮮濃高湯 時間：3小時

製作2公升湯底材料

水4公升、蝦頭500克

帶刺魚肉、魚頭或適和煮湯的魚1公斤

胡蘿蔔1根、芹菜1束、洋蔥1顆

韭蔥1根、月桂樹葉1片、法式香草束

新鮮番茄或番茄濃縮罐頭（自選）

作法

1 將烤箱預熱180°C。

2 將蝦頭滴入幾滴油之後，放入烤箱烘烤約40分鐘，至外觀有些焦熟。

3 用小火悶煮蔬菜，直到完全煮熟。

4 將食材放入鍋內（水、烘烤完成的蝦頭、煮熟的蔬菜），用小火蒸煮2小時。

5 將高湯過濾，若不馬上使用，必須迅速冷卻。

醬汁

冷醬、熱醬、液態醬、半液態醬、甜醬、苦醬、濃醬、淡醬等，我們很難找到兩種一模一樣的醬汁。它們的質地和味道相當多樣，即使相同的食材製作出的醬汁，味道也會有所差別。

醬汁的定義為「將多種物質混合溶解成液態」，液體狀態的溫度、濃密度各有不同，用於調味、調製、搭菜，或直接用於烹煮料理。某些母醬是必不可少的，因為它們是製作其他醬汁或料理的基底。這些母醬又可區分為冷母醬及熱母醬：冷母醬包括蛋黃醬和油醋醬，熱母醬則包括番茄紅醬、天鵝絨醬、荷蘭醬、奶油白醬和其他熱的醬汁。市面上可以找到許多製作醬汁用的產品，或購買合適的食物添加劑，為醬汁加強口感結構。運用這些原料，便可創造出各式各樣不同的醬汁。

蛋黃醬（美乃滋）

這是冷醬中最受歡迎且作法簡單的醬汁之一，並可作為基底延伸出其他醬料。儘管作法容易，仍有其製作秘訣。若是做得太濃稠，可以加一點熱的液體（水或高湯）。若做得太稀，可以加入一顆蛋黃和一點檸檬汁，但不加入油，重新攪拌。

蛋黃醬是一種容易腐敗的醬料，因為是使用生蛋攪拌製作，且過程中不需要開火加熱，因此在製作時必須相當小心，避免食材受到汙染。使用的蛋必須相當新鮮。必須在製作當天使用完畢，不能久放保存。此外，也有一些較安全的替代品，像是用巴氏殺菌法製成的蛋製品、商業蛋黃醬或牛奶脂（將雞蛋替換成牛奶）。

蛋黃醬 時間：10分鐘

材料

葵花油或精煉橄欖油（低酸價）200克
蛋黃1顆
檸檬汁（幾滴）
鹽

作法

1 將1顆蛋黃加入幾滴檸檬汁，和鹽一起攪拌成乳狀。

2 用手持電動攪拌器攪拌蛋黃，讓攪拌器以中等的速度攪拌，並慢慢加入油。

主要變化類型

■ **塔塔醬**：將蛋黃醬加入酸豆、醃小黃瓜和水煮蛋調製，也可加入細蔥或歐芹。

■ **奶霜醬**：將蛋黃醬加入檸檬汁和鮮奶油調製，也可加入紅辣椒。

■ **玫瑰醬或雞尾酒醬**：將蛋黃醬加入番茄醬、檸檬汁、白蘭地、李派林醬、塔巴斯科辣椒醬、鹽和胡椒調製而成的醬汁。

■ **松露蛋黃醬**：將蛋黃醬加入碎松露、松露油或松露水調製而成的醬汁。

■ **香料蛋黃醬、醃漬鯷魚蛋黃醬、香柑蛋黃醬等**：將蛋黃醬加入自己想要的切碎食材或調味油。

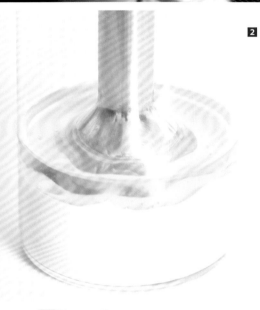

蘑菇蛋黃醬 時間：1小時

材料

蛋黃1顆、水10克、鹽
蘑菇100克、初榨橄欖油100克

作法

1 將蘑菇清洗完成後，放入一個加蓋小砂鍋，並
倒入橄欖油。用微火將蘑菇慢煨30分鐘，冷卻
後濾掉油。

2 將蛋黃、水、鹽攪拌成乳狀，加入油之後，用
手持電動攪拌器攪拌蛋黃醬。

3 當蛋黃醬混合均勻時加入蘑菇，繼續攪拌至形
成綿密的質地，加入鹽調味之後即可保存。

油醋汁

根據定義，油醋汁是油、醋、鹽混合而成。事
實上，油醋汁的種類相當繁多。光是油、醋（跟
其他酸性液體，像是白葡萄酒和檸檬汁）、鹽
稍作變化，就能創造出多種調味汁，可以明顯察
覺其差異。當然，也可挑選其他食材加入，像
是大蒜、醃漬鯷魚、酸黃瓜、紅蔥頭、香料、黃
芥末、水煮蛋、洋蔥、酸豆等。油醋汁通常是冷
的，但有時候也會製作溫的，通常使用於沙拉料
理的調味。

調味汁製作食材

油	酸性液體	配料
初榨橄欖油	白葡萄酒	堅果
精煉橄欖油	雪莉酒	烤芝麻
純橄欖油	檸檬汁	香料
葵花油	蘋果醋	芥菜
玉米油	香醋	甜菜汁
花生油	香醋霜	新鮮水果切塊

奶油白醬

一種常見的母醬之一，質地濃稠，也是一種奶油麵糊（其命名源自法式烹飪，意指將麵粉和奶油混合成醬料，通常奶油和麵粉比例相同，見P.334），並依照要搭配的料理做變化。學會母醬之一的白醬的製作方法，還可以延伸製作出不同調味的白醬。這種可靈活變化的醬料，讓我們製作出的料理與眾不同。

奶油白醬 時間：15分鐘

材料

牛奶1公升（可替換成牛奶和鮮奶油）

奶油70克、麵粉70克、白胡椒

肉豆蔻、鹽

作法

1 將牛奶加入鹽、白胡椒和一些肉豆蔻碎粒之後煮沸。

2 將奶油和麵粉放入長柄鍋，將它們攪拌成奶油麵糊。可用鍋鏟刮除黏於鍋子邊緣的麵糊。將麵糊攪拌至完全均勻且光滑。以小火烹調，避免麵糊的顏色改變，除非特殊需求，可使用較高溫將麵糊煮至呈金黃色或烘烤的顏色。

3 將熱牛奶倒入奶油麵糊，烹煮至想要的濃稠度後關火。麵粉開始膨脹的溫度大約在80℃，因此烹煮時須相當注意溫度的變化，讓醬汁維持濃稠狀。

4 若需要醬汁更為細緻，則必須再過濾醬汁。若不馬上使用，必須將醬汁迅速冷卻。若要將醬汁保溫，需隔水保溫。為了預防醬汁結塊或表層凝固，可以覆蓋一層保鮮膜，或是加入一點牛奶或液態鮮奶油。

主要變化類型

■ **洋蔥白醬**：加入洋蔥泥混合而成。

■ **起司白醬**：加入磨碎的乳酪（帕馬森乾酪和格魯耶爾乾酪）、蛋黃混合而成，有時候會加入奶油。

■ **青醬**：加入波菜混合而成。

■ **紅醬**：加入番茄醬混合而成。

■ **葛根醬**（請見P.337）

荷蘭醬

源自法國傳統母醬，製作方式不容易。主要材料是剛完成的熱蛋黃醬加奶油而非加入一般中性油。溫度的控制相當重要，需維持在60℃至70℃，這意味著只能當場製作。使用食物調理機將會更容易製作，因為它能維持在一個穩定的溫度烹飪，防止醬料過熱煮壞。跟蛋黃醬一樣，荷蘭醬也是一種易腐敗的醬料，因此不建議將其久存。

荷蘭醬 時間：15分鐘

材料

奶油250克、蛋黃2至3顆
檸檬汁、鹽和胡椒

作法

1 慢慢地將奶油加熱，並去除其水分。去除表面所產生的泡沫，將奶油倒出，去除殘留於底部的水分。將溫度維持在大約65℃。

2 用打蛋器將蛋黃、檸檬汁、鹽和胡椒混合在一起。

3 將蛋黃和液狀奶油放入隔水加熱的容器中乳化。將奶油慢慢加入，直到醬料的黏稠度適中

4 如果醬料太過於黏稠，可加入高湯或幾滴熱水。讓醬料維持在足夠的熱度防止奶油變硬，但也不要太熱，防止蛋黃凝固。

主要變化類型

- **法式伯納西醬**：加入紅蔥頭和龍蒿混合而成。
- **馬爾他醬**：加入血橙汁混合而成。
- **弗尤特醬**：加入濃肉汁混合而成。

附屬材料

黏稠劑、膨鬆劑等食品添加劑、其他小配料像是烤麵包塊,在料理中有時扮演配角,有時則扮演著替料理塑造基本形狀、結構和獨特性的角色。

如果和諧是烹飪的關鍵概念,那麼黏稠劑,像是麵粉、澱粉、奶油或油,就是我們最好的朋友。它們能讓製作醬汁的食材組合在一起,使其成為主要料理中不可或缺的一部分。食品添加劑的誕生,可以改變菜餚的形狀或質地,變成液狀或半液狀,視覺上和口感間的衝突感,令人驚喜。

菜肉醬、切碎的食材和勾芡,同樣也被認為是附屬添加材料,但有些料理若沒有這些材料就無法完成。最後,還有一些較不重要的小型材料,像是脆餅或烤麵包塊,擔綱著襯托紅花的綠葉。儘管如此,料理就像是一個大樂團,所有的食材都有其擔任的工作,在自己表演的時刻演出。

黏稠劑

某些特定食材可以變濃稠,或是與另一種食材融合在一起,這類食材統稱為黏稠劑,可調整料理的濃稠度和質地。

黏稠劑可分為植物性和動物性。植物性澱粉最為常見,諸如穀粉類製品(米、小麥、玉米等),多半用於調製和增添醬汁的濃稠度。目前烹飪的趨勢朝向輕食料理製作,減少料理時麵粉的用量,製作濃縮醬汁時,甚至幾乎不使用任何類型的動物性黏稠劑。然而,撇開新趨勢不談,動物性黏稠劑仍廣泛運用於許多醬汁和料理的製作。

植物性黏稠劑

■ **油**:橄欖油,跟奶油相似,可替食物增添味道和亮度。食物煎炒後留在平底鍋內的湯,經常可以加些橄欖油汁攪拌乳化後,作為醬汁或其他用途。

■ **米糊和勾芡**:將米加入液體使其變濃稠。通常在烹煮的最後將黏稠的米糊或糯米粉水倒入沸騰的液體中,攪拌勾芡。

■ **小麥麵粉、粗麵粉、麵包粉**:能夠以各種不同的方式使用,像是溶解於某些液體、製作醬汁,或只是替食物增添濃稠程度,例如放入洋蔥湯或大蒜湯的麵包。

■ **玉米粉和玉米粥**:使用方式跟小麥麵粉相同。

■ **馬鈴薯澱粉**:馬鈴薯澱粉在某些情況下運用於增加液體的濃稠度,用這個方式使食物呈乳霜狀或泥狀。

動物性黏稠劑

■ **奶油**：通常在烹飪的最後步驟加入，增加醬汁滑膩質地和亮度。通常切成塊狀加入，加熱時可迅速乳化。不可用沸水加熱，以防止奶油結塊。有時會結合其他食材製成混合奶油，以增添味道。

■ **鮮奶油**：加入後要收乾達到濃縮黏稠效果，烹煮時必須預防過熱，以免奶油結塊或油脂分離。

■ **雞蛋**：蛋黃和蛋白都可使料理凝固或增加濃稠度。

■ **血液和肝臟**：目前這些材料已較少當作黏稠劑使用。僅運用於極少數的打獵野味燉煮，將獵物的血液和剁碎的肝臟做為料理的醬汁。

■ **海鮮類**：某些情況下，可使用鰲蝦卵或龍蝦卵增添料理的味道或黏稠度，需在料理完成前的最後一道步驟加入。

混合黏稠劑

將兩種材料混合，形成具黏稠功能的混合物。眾多的混合性黏稠劑中，最常見的是蛋黃鮮奶油糊和奶油炒麵糊。

蛋黃鮮奶油糊由蛋黃和鮮奶油組成，在料理完成前的最後一個步驟加入，以熱的狀態加入，加熱時必須注意不要沸騰，防止蛋黃凝固。它被運用於製作濃湯和天鵝絨醬（法國常用醬料），蛋黃和鮮奶油這兩種材料能增添食品的味道、滑膩度、奶油含量，進而提升其濃密度。

奶油炒麵糊由奶油和麵粉組成，使用麵粉量的多寡取決於想要的濃稠度。完成的奶油麵糊通常為白色，被運用於製作奶油白醬，若想製作味道較

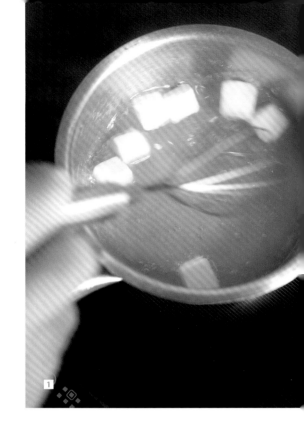

重的奶油麵糊可用煎炒的方式製作（黃金奶油麵糊），若想讓其味道更具穿透力，可以將麵糊放入烤箱烘烤（烤麵糊）。

奶油炒麵糊類型

■ **30克奶油麵糊**：使用奶油30克、麵粉30克、高湯1公升製作而成。用於製作天鵝絨醬。

■ **70克奶油麵糊**：使用奶油70克、麵粉70克、牛奶1公升製作而成。用於製作奶油白醬。

■ **200克奶油麵糊**：使用奶油200克、麵粉200克、牛奶1公升或高湯加牛奶1公升製作而成。主要用製來作西班牙可麗餅（croquetas）。

奶油麵糊製作步驟

1 依照要製作的目標醬料將適量的奶油放入鍋中，用小火慢煮並慢慢加入等量的麵粉。

2 將它們混合攪拌至質地均勻。

食品添加物

食品添加物通常無色無味，他主要是用來改變食物質地，改變醬汁和液態食物的濃稠度，像是乳霜、高湯、湯和果汁，也可以改變固態食物的質地，像是冰淇淋、甜點和奶製品。

食品添加物經常被運用於食品工業，近幾年開始被運用於專業廚房的烹飪，替料理烹飪方式開啟了一個新紀元。在餐飲業掀起了一場革命性的改變，使料理烹飪融入新的步驟和技術。漸漸地，食品添加物也開始被運用於家庭烹飪，隨著我們日常料理經常運用的食材一起烹飪。

乳化劑

主要功用為穩定結合脂肪和水分子。雖然名稱看起來很像某種化學成分，但日常料理中其實經常運用，像是將蛋黃醬的製作食材加入油乳化，油的功用就等於是乳化劑，是使食材結合不分離。乳化劑通常使用於製作較複雜的料理，像是混合製作冰淇淋的材料。

晶球化劑

晶球化為一種烹飪技術，能將液態食材塑型成膠囊狀的晶球，明膠外層將各種不同的液態食材包覆於內。它是一種高級的烹飪技術，可以創造出驚人的料理。因為明膠能將食材天然的味道包覆於內，當我們放入口咀嚼時，晶球破裂時釋放出的液體在口中流動，無論是口感和味道都相當令人驚奇。

執行晶球化的技術，需要使用一些必備食材，像是海藻酸鈉和褐藻膠凝劑，以及醫藥和食品工業中用於凝固乳酪的化學化合物氯化鈉。將這些材料混合後，即可將液體凝膠化或形成球狀體。

1

膨鬆劑

膨鬆劑

為乳化劑的一種，能在乳化過程中將空氣分子融入，以增加乳化物的體積，並使質地更為膨鬆。

鮮奶油和蛋白經常用於增加料理體積，但同時也增加了油脂和味道。某些食材，像是大豆卵磷脂（從黃豆中提取）可在乳化過程中增加體積，且不增加任何顏色或味道，是一種專業烹飪料理常用的膨鬆劑，能讓料理的質地變得膨鬆。將汁液或醬汁加入大豆卵磷脂一起攪拌，將使它們膨脹並起泡（圖1）。

凝膠

使食品能呈現凝膠狀質地的添加劑。類型相當多樣，有軟、硬、堅硬或有彈性，可依照料理製作的需求，加入熱食或冷食中，也可承受冷凍或在酸性液體中起作用。

■ **動物凝膠**：傳統中常使用的明膠，可以透過沸煮動物的表皮組織取得膠原蛋白，例如魚膠，被加工處理成魚膠粉和魚膠片。

■ **果膠**：從水果中提取的凝膠狀物質，像是蘋果或檸檬。它可受熱，可承受溫度變化，常見的果醬就是運用果膠製成。

■ **洋菜膠**：源自海洋的蔬菜膠質，優點是可以在大約 80℃的溫度下仍維持其凝膠狀。

■ **葛根**：從豆科植物的根部取出的物質，源自亞洲，也可以用來做為增稠劑。

增稠劑

簡單易用，是麵粉和麥粉的良好替代品，運用於調製醬汁的濃稠度，對麩質過敏者也可以食用。市面上可找到的增稠劑，包括阿拉伯樹膠、刺槐豆膠、瓜爾膠，但最常使用也最推薦使用的則是黃原膠。黃原膠可增加食物的密度和黏稠度，且在冷或熱的狀態下都可使用，可將它加入高湯增加濃稠度，或用於增稠醬汁。

黃原膠使用步驟

1 根據食品的量和想要的濃稠度，依照產品說明書指示，準備適量的黃原膠。

2 將黃原膠和食品使用攪拌機或攪拌棒混合。

3 將液體加熱烹調，若需去除攪拌時所產生的空氣，則可改用真空烹調法。

葛根白醬 時間：15分鐘

材料

牛奶1公升、奶油70克、葛根35克
鹽、白胡椒、肉荳蔻

作法

1 為了解所需的葛根數量，首先必須測量食材或
液體的重量和體積，增加的濃稠密度，根據產品
使用說明計算所需的葛根數量。此份食譜需使用
1公升牛奶，對應的葛根數量為35克。

2 將牛奶加入奶油、肉荳蔻、鹽、胡椒之後煮
沸。可以留一些牛奶之後用於乳化葛根。

3 將葛根放入留下的牛奶或加入一些水，之後用
攪拌棒協助將其乳化。

4 將乳化完成的葛根放入裝有熱牛奶的鍋子內過
篩。

5 用小火慢煮至其密度和質地符合需求。

秋季低溫蔬菜高湯

料理時間：4小時｜難度：高級

食材備料：4人份
蔬菜高湯500克、葵花油75克
黃原膠1.5克、孔泰乳酪20克
酸豆20克、南瓜60克、石榴醋20克
糖15克、菲格拉斯小洋蔥1顆
朝鮮薊1顆、橘子2顆
細葉芹葉和蒔蘿葉

作法

1 在蔬菜高湯加入適量的鹽，之後放入黃原膠一起攪拌均勻。放入真空容器，執行2次抽出空氣的動作，將高湯的空氣抽出。如果不用真空瓶抽氣，需將高湯靜置6小時，使加入黃原膠攪拌時流入的空氣慢慢流失。

2 將乳酪切成極小塊。

3 將酸豆加入一點蔬菜高湯之後，磨碎至其質地呈濃稠狀。

4 蒸炊南瓜（也可用沸煮）至其質地變軟，將南瓜冷卻。接著將南瓜脫水，可利用中等功率的微波爐加熱約30秒，來達到脫水的效果，之後用手持攪拌器將南瓜攪拌成泥狀。

5 壓榨橘子果汁，放入鍋中並加入少許糖。用小火慢煮收乾至剩下20%果汁，當它冷卻後將形成濃稠狀。用小火慢煮濃縮這點相當重要。

6 將洋蔥浸泡過水後切成條狀，並加入石榴醋。之後將洋蔥和石榴醋混合物放入真空瓶，執行2次抽出空氣的動作。

7 將朝鮮薊去皮（見P.110）。將朝鮮薊切成薄片之後，馬上放入裝有葵花油的鍋子內，用微火油悶10分鐘。

8 將高湯盛入湯盤。

9 使用料理用滴管將酸豆泥、南瓜泥、糖漬橘子汁滴入盤內。加入起司塊、油煮過的朝鮮薊薄

片、浸漬過的洋蔥，最後用山蘿蔔葉和蒔蘿葉裝飾即完成。

將使用真空且低溫方式烹煮的高湯加入食材調味或改變質地，像是加入黃原膠改變其質地。這個天然的增稠劑可讓高湯變得更濃稠，讓味道在味蕾中多停留幾秒，增加味道的持久性。

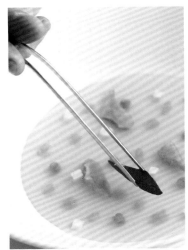

基底

番紅花貽貝馬鈴薯餃

料理時間：6小時（加上12小時冷卻）

│難度：中等

食材備料：4人份

細葉芹油材料

橄欖油60克、細葉芹5克、鹽

番紅花水材料

水100克、番紅花1克

馬鈴薯泥材料

馬鈴薯500克、奶油70克

初榨橄欖油30克、鹽6克

馬鈴薯玉琪材料

馬鈴薯泥200克

番紅花水60克（之前製作）

葛根15克

貽貝醬材料

貽貝水250克、番紅花水40克

麵粉10克、奶油10克

鮮奶油80克、夏多內白葡萄酒60克

裝飾材料

番紅花

作法

1 製作細葉芹油：將細葉芹慢慢切碎之後，加入油和鹽混合。

2 製作番紅花水：烤箱預熱180℃，將番紅花以小容器裝盛，放入烤箱加熱20秒。將水加熱，放入番紅花之後關火，讓番紅花浸泡15分鐘。

3 製作馬鈴薯泥：將馬鈴薯洗乾淨之後放入烤箱，溫度設定180℃，烘烤45分鐘。將馬鈴薯去皮，放入研磨機或篩板加入油、切塊奶油和鹽打成磨碎，冷卻後保存。

4 製作馬鈴薯玉琪：將葛根放入冷的番紅花水，留40克之後用於製作醬汁，之後用攪拌器攪拌。

5 將攪拌完成的番紅花水和馬鈴薯泥混合，放入平底鍋炒至形成不黏鍋的密實馬鈴薯團。之後靜置至少12小時使其冷卻。

6 將馬鈴薯團放入擠花袋，擠成圓錐狀。切成寬 1.5公分的小塊。

7 將貼貝清洗乾淨後，放入鍋中並加入白葡萄酒。加上鍋蓋蒸煮至貼貝開啟。另外保存湯汁。

8 製作貼貝醬：將預留的200克番紅花水和奶油麵糊（見P.334）混合。蒸煮5分鐘後加入鮮奶

油。再煮2分鐘，直到醬料質地如同奶霜和天鵝絨醬般即完成。

9 將馬鈴薯玉琪和貼貝放入微波爐或蒸氣爐以微火加熱。完成之後將它們擺放在醬料上方，並加入番紅花和細葉芹油。

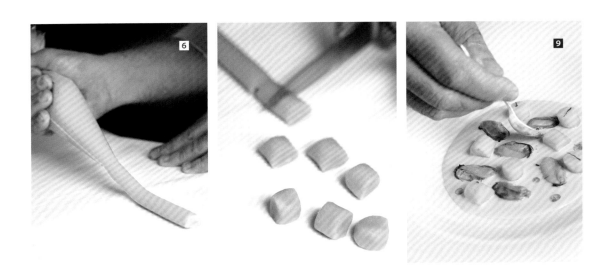

基底

干貝佐柑橘南瓜泥

料理時間：1小時｜難度：中等

食材備料：4人份

南瓜300克
水7克
糖15克
大千貝4個
柑橘2顆
細葉芹葉
葵花油
鹽和胡椒

南瓜凍材料

南瓜300克
洋菜膠

南瓜籽裹糖霜材料

南瓜籽30克
糖7克

作法

1 製作南瓜泥：將300克南瓜切塊並蒸煮。將煮熟的南瓜磨碎後加入鹽調味，將完成的南瓜泥保存備用。

2 將柑橘榨汁，得出的果汁加入糖用微火慢煮，收乾形成濃縮果汁。

3 將幾片細葉芹葉加入葵花油磨碎，之後加入鹽調味。

4 製作南瓜塊：將300克的南瓜壓榨成100克的南瓜汁。將南瓜汁放入鍋中並加入洋菜膠。

5 將南瓜汁加熱至沸騰，用攪拌器不斷攪拌，讓洋菜膠完全溶解。

6 將混合完成的液體倒入淺盤，靜置讓它凝固。凝固後，將凝固物切成骰子狀，以盤子裝盛。

7 製作南瓜籽裹糖霜，將南瓜籽放入平底鍋並加入水和糖，蒸煮時適時翻動，直到看到糖開始附著於南瓜籽外部（南瓜籽周圍變成白色）。

8 用烤箱將南瓜凍加熱。

9 用鹽和胡椒替干貝調味，將干貝放入鐵板加少許的油煎烤。

10 用南瓜泥製作料理的基底。加入扇貝、南瓜凍、南瓜籽和幾滴柑橘濃縮果汁。淋上細葉芹油，再用細葉芹葉裝飾即完成。

這道料理中，干貝跟南瓜結合，南瓜以不同的質地呈現其軟度和甜度，包括柔軟的南瓜泥、凝膠狀的南瓜凍以及香脆的南瓜籽。使用洋菜膠讓南瓜汁定型，增加料理的濃度，使味道更美味。

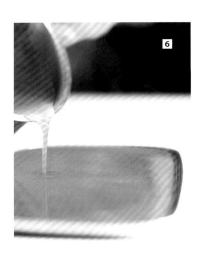

基底

小型配料

所有的小型配料，都能讓料理更為完美。適切搭配、強化味道、提增香氣、使料理更有特色。大部分的這些配料，是在料理最後一個步驟加入，但也有一些附屬材料，像是調味汁，用作於料理的基底。

混合油和芳香油

使用好油做料理，可加強味道和光滑度，使食材質地變得更好且更突出。儘管如此，並非所有的油都適用於任何一種料理。例如初榨橄欖油適合用於浸泡黑橄欖，但不適用於含有花卉的料理，需使用較柔軟且能突顯清新花香的中性油。

油可以加入多種材料調合，添增菜餚氣味。若製作芳香油，或選擇最適合的芳香油跟料理結合，將替料理增添一種微妙的價值。這些芳香油可在常溫下製作，或是加熱製作。常溫下製作步驟很簡單，將適量的油和芳香材料結合即可。加熱製作的方式，可讓芳香材料更容易溶解並擴散於油中。

常溫製作的芳香油

■ **香料油**：將香料和中性油混合，或將它們一起攪碎，之後將混合完成的油過濾後保存。

■ **新鮮草本植物油**：可以使用像是羅勒、薄荷、龍蒿或歐芹這些草本植物，它們可以替選用油增

添涼爽的氣味及改變其顏色。它們可使用不同的方式製作，可將草本植物和油一起攪碎，或是先將草本植物燙煮，俟冷卻之後，再跟油一起攪碎。使用這兩種方式將油和草本植物混合之後，都需要將混合油過濾後，再將香草油保存。

■ **混合油**：某些油可以加入一些芳香食材調合，像是橄欖、松露、紅甜椒等。製作步驟很簡單，將選用的食材和油混合攪碎。在某些情況下，必須將混合好的油過濾，但同樣也可將攪碎的食材全部或部分留在油中。其中一個較特殊的情況是製作黑橄欖油，因為將橄欖攪碎前必須先脫水，之後再跟油一起攪碎，最後將攪碎完成的混合油過濾（見P.313）。

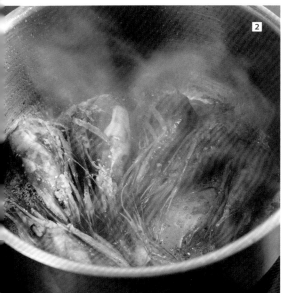

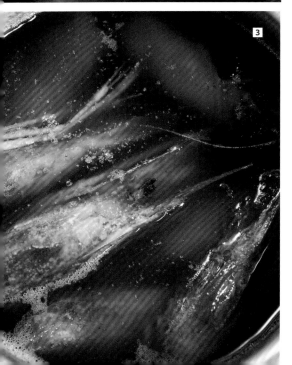

加熱製作的油

■ **基礎油**：將選好的食材用油覆蓋，並使用溫度介於60℃至65℃的溫度加熱。加熱時間長短取決於使用的食材，例如用食用花卉製作要比以香料的時間還要短很多。以加熱製作方式，可使用菇類、南瓜、海鮮和魚的骨頭做為材料。有時，加熱的過程跟烹煮生食的過程相同，例如將菇類油煨。也可以使用Thermomix廠牌的食物調理機控制溫度，它可將草本植物和油一起攪碎，再用約70℃的溫度加熱。完成之後必須迅速將油冷卻，過濾之後保存。

■ **罐裝油**：將油和食材一起放入真空瓶或密封的罐子。之後用隔水加熱的方式以65℃加熱2至6小時。可用這個方式製作香草油、松露油、辣椒油、草本植物油或香料油。加熱完成之後，要立即冷卻並過濾。

蝦油製作步驟

1 將蝦頭放入鍋中，加入一點葵花油，油煎成金黃色。

2 蝦頭油煎完成後，再倒入更多的葵花油覆蓋，之後用65℃油煨6小時。

3 冷卻之後保存，不需要過濾。

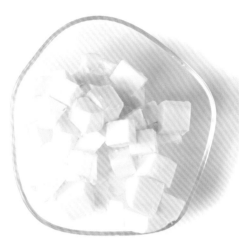

風味奶油

奶油和其他食材的混合被廣泛運用於製作小點心，包括羅克福乾酪、馬洛卡香腸、鮪魚、沙丁魚、波菜、堅果、蜂蜜、水煮蛋、橄欖、松子等。混合奶油醬用途繁多，做為配料時，可將奶油和草本植物或香料混合製成醬料，和咖哩混合製成咖哩醬，或做成茴香草醬、羅米斯科醬、檸檬醬或辣椒醬。此外，也有經典的奶油醬料，像是檸檬辣醬（maître d'hôtel），是一種將歐芹和檸檬汁加入奶油混合而成的醬料。

為了使醬料的質地更柔軟光滑，建議使用機器來攪拌，將食材放在奶油上一起攪拌。若要將醬料用於烘烤上光，必須將蛋黃加入一起攪拌。

製作步驟

1 間接加熱奶油（不能將奶油放入微波爐或火爐直接加熱，奶油若是加熱融化，其豐富脂肪將流失），或將奶油從冰箱取出，切塊之後靜置1小時自動融化。

2 使用抹刀或攪拌棒，將奶油攪拌至其質地呈油膏狀。

3 將攪拌完成的奶油跟選用的食材混合，通常會先將食材製作成泥狀，以利於跟奶油更均勻的混合。

4 加入鹽、胡椒或香料調味

5 蓋上保鮮膜之後，放入冰箱保存。

柑橘奶油

奶油200克
糖漬檸檬10克
芫荽子1顆
四川胡椒籽1顆
柑橘皮10克
鹽4克

蒔蘿奶油

奶油200克
新鮮蒔蘿5克
糖漬檸檬皮5克
芥菜籽10克
鹽4克

咖哩奶油

奶油250克
咖哩5克
椰子粉5克
鹽5克

番茄辣椒奶油

奶油200克
番茄粉30克
辣椒粉5克
鹽5克

風味鹽

用鹽調味，是烹飪過程中的最後一個步驟。我們可以為這個簡單的動作增添一些獨特的效果，比方說加入芳香材料與鹽混合（圖1）。

市面上可以找到品質不錯的風味鹽，包括草本植物混合鹽、香料混合鹽、檸檬胡椒混合鹽、芝麻混合鹽等。儘管如此，我們可以製作符合自己需求的鹽，因為製鹽的步驟相當簡單，只需要將芳香材料和鹽混合，之後保存於涼爽且不潮濕的地方，或裝入密封罐放入冰箱保存。最推薦製作的混合鹽是花鹽，它可提供較中性且天然的味道。

法式香草束

這種草本香料束簡單而不失香氣，為法國料理常見的食材，也是我們烹飪高湯、燉菜或燉肉時常使用的特殊食材。它由月桂樹、百里香、迷迭香和歐芹綑綁組成，烹飪時需將綑綁完成的香草束放入，有時香草束周圍會擺放蔬菜，預防香草束的氣味跟其他食材混合，或直接將香草束放入耐熱的多孔特殊烹飪用袋，使香草束可以在高湯中散發其香氣，並防止其味道跟其他食材混合（圖2）。

這種香草束也可由其他具有特殊味道的食材組成，像是生薑根或是其他香料，目前芳香食材的種類也越來越多，它們能讓料理更完整，且更特別。

鬆脆口感配料

烤麵包切片是這類材料的經典,雖然目前有越來
越多更精緻材料,這些食材的目的都是一樣的:
形成對比、加強口感、區分等。它們從來不被忽
視,且可引起食用者注意他們正在吃的食物。

鬆脆附屬材料種類

■ **脆餅**:用脫水機將蔬菜脫水後,再放入烤箱或
微波爐烘烤而成(圖1)。

■ **烤麵包塊或烤麵包薄片**:切塊或切片的麵包,
油炸或用烤箱烘烤(圖2)。

■ **蔬果乾**:加工處理的脫水蔬菜和水果。通過複
雜的程序,將蔬菜和水果的水分去除,並保留大
部分的味道。市面上可找到相當多樣且高品質的
商品(圖3)。

■ **蔬菜脆片**:將蔬菜脫水後油炸,使其質地變酥
脆。可以單獨食用,也可做為開胃菜或配料。

炒料、碎料、勾芡

炒料在一開始製作料理時就必須放入，而碎料和勾芡則是在最後步驟才放入，它們全都是完成料理的基本材料。

炒料根據加入的食材不同而不同，種類相當多樣，常見的基本炒料有大蒜、洋蔥、番茄等（圖1至9）。製作時必須放慢速度，將洋蔥油悶但不油炸（圖7），讓它的味道可以滲入料理，之後加入少量的番茄（圖8）防止洋蔥燒焦，並固定它的味道。使用食物調理機可以縮短漫長的烹調時間，並可使用溫和烹飪的方式製作料理（圖4至6）。

我們可以多製作一些炒料，保存於下次烹飪時使用，可放入密閉罐保存，甚至也可以密封冷凍保存。碎料和勾芡運用於烹飪最後步驟，替料理調整味道和質地。

它們經常被運用於調製醬汁，也可用在烹飪前替食材調味，類似醃製的作用。勾芡的運用種類相當多樣，隨不同區域，或是不同烹飪文化有不同。製作方式很簡單，將所有材料搗碎和芡粉放入研缽混和，或用手持攪拌器攪碎混合即完成。

碎料和泥狀料種類組合

- 大蒜、歐芹、油。
- 大蒜、歐芹、堅果（核桃、榛果、杏仁或松子）。
- 大蒜、歐芹、堅果和餅乾或炸麵包塊。
- 歐芹和番紅花。
- 大蒜、肝臟、堅果、牛至、白蘭地或干型雪莉。
- 大蒜、歐芹、麵餅、番紅花、魚肝、八角。
- 水煮蛋、歐芹、檸檬汁。

料理詞彙表

詞彙表

Abrillantar 增加光澤：透過明膠、果凍、脂肪或糖漿增加光澤。

Acanalar 蔬果切雕：在水果的表皮（特別是柑橘類）或蔬菜的表皮（南瓜、小黃瓜等）縱向切割以用於裝飾。

Acidez 酸度：用來測定食物酸度多寡之標準。使用科學儀器P.H儀測量。

Aditivo alimentario 食品添加劑：不含營養的物質，添加於食材或加工食品以確保其保存減緩腐敗，或提高製作效率，或調整食物口感等。

Adobar 油封：將食材放入已調味好的液體中，通常是油，保存靜置一段時間，可增加香氣，如果是肉類，可使肉質軟化。

Agaragar 洋菜膠：從某些紅藻提取製成的食品添加劑。為一種碳水化合物，因為具有膠質屬性，烹飪時經常被運用做為凝膠使用。

Alginato 海藻酸鈉：有機鹽，由碳水化合物纖維所組成，運用做為凝膠、增稠劑、穩定劑。從褐藻中提取。

AlmidÓn 澱粉：可消化的複合性碳水化合物，儲存於幾乎所有的植物中。屬於聚醣類，因此僅由葡萄糖鏈組成。屬性為水膠體。為製作加泰隆尼亞料理的濃湯經常使用的材料。

Amargo 苦味：人類感知的基本味道之一。奎寧在食品工業被認為是苦味。

Amasar 揉：將多種材料混合揉成麵團，可用手揉或使用揉麵機。

Antiespumante 消泡劑：放入食物中用於去除或減少泡沫的材料。

Antioxidante 抗氧化劑：用於防止食物氧化的材料。最常用的抗氧化添加劑為生育酚以及兩種人工添加劑，分別為丁基羥基茴香醚（bha e-320）和2,6-二第三丁基對甲酚（bht e-321）。同樣也可用天然的酸性食物做為抗氧化劑，例如檸檬、醋和歐芹。

Aroma 香氣：感知氣味的一種，揮發性物質經過鼻腔，帶著特定的氣味刺激嗅覺。它跟味道相關。

Arropar 裹：用麵團或布包裹食物，使食物不乾燥，或使食物發酵。

AscÓrbico(ácido) 抗壞血酸（酸味）：運用做為抗氧化劑和維生素的有機酸。

Astringente 澀味：造成舌頭表面層緊縮的味道，為一種介於苦味和乾燥的感覺。

Asustar 兌冷水：中斷高湯或燉肉的烹調，加入冷水或冷湯。

Bañar 浸泡：使食材入味或增加光澤。

Baño maría 隔水加熱：為一種烹飪方式，將食材放入一個容器之後再放入另一個裝有熱水的容器。這個烹飪方式用於製作布丁、肉醬或濃湯，同樣也運用於加熱濃湯和凝膠。

Biodegradable 生物所能分解的：隨著時間的推移能被微生物分解的食材。除了鹽、水和某些添加劑之外，所有的食材都能被分解。

Blanquear 焯水：用滾水汆燙食材，試著去除雜質，和不好的氣味和味道。

Boquilla **花嘴**：圓錐狀，通常為銅塑材質，搭配擠花袋一起使用於裝飾料理或填充餡料。

Bouquet garni **法式香草束**：用草本香料植物綑綁而成的草束，通常用於加入高湯和燉菜一起烹煮入味。

Bresear **燒燉**：用食材切塊，加上液體（蔬菜、葡萄酒、高湯、香料）一起烹煮的料理方式。

Bridar **綁**：將食材用麻線固定或綑綁使它們在烹煮時可以維持原來的形狀。

Brocheta **竹籤**：針狀或棒狀物，用於烤製時串小塊的肉、魚或蔬菜。

Caramelizar **使焦糖化**：加入糖或液態糖至模具中使其結晶或變金黃色。

Caramelo **糖量**：料理呈烤糖色以及其甜度所需的糖量。

Carbonara **培根蛋醬**：用於搭配義大利麵的醬汁，主要製作材料為培根、鮮奶油和蛋黃。

Castigar **施加力量**：將檸檬汁加入糖漿攪拌使其糖化。同樣也用於稱呼將腱肉打碎，使其變軟的動作。

Cincelar **切細條**：將蔬菜切成細條。同樣也指烹飪魚類時將魚身切口，以利烹飪。

Cítrico (ácido) (e-330) **檸檬酸 (e-330)**：存在於許多水果的有機酸，特別是柑橘類水果（檸檬、橘子），用於調整添加劑的酸度，亦可作為防腐劑。

Clarificar **使清澈**：清洗渾濁的物質，使變得乾淨清澈。通常用於處理法式清湯、明膠和奶油使它們變得清澈透明。

Clavetear **增加香氣**：將香料、切片的檸檬或洋蔥放入滷菜、高湯或燉菜增加香氣。

Coagular **使凝固**：透過凝結劑使液態物質凝固成大塊膠狀固體，使其更容易將固體和剩餘液體分離。

Cocer a la inglesa **汆燙蔬菜**：使用大量的沸水烹煮蔬菜或葉類蔬菜，之後迅速將蔬菜冷卻以完成料理。

Cocer o caer en blanco **少油烹飪或不放填料烹飪方式**：使用極少的油脂烹飪料理，使料理維持原色，或是將麵團不包入填料直接放入模具烹煮。

Colágeno **膠原蛋白**：具有乳化蛋白、充氣和膠凝功能的蛋白質。

Coloidal **膠態的**：跟膠體相關，為在連續介質中分散的顆粒。

Concassé **番茄切丁**：厚度較厚食材的切割方式，通常主要是指番茄。

Concentrar **濃縮**：減少果汁或高湯中的液體，以集中其味道。

Conservación **保存**：用於延長食物生命或確保其狀態適宜食用的處理程序。可以是物理方式（殺菌、冷凍等）或是化學方式（防腐劑）。

Cordón **擺盤裝飾**：畫在料理上裝飾的圓形狀裝飾物名稱。

Cornete **圓筒紙**：將紙捲成圓筒袖子狀，用於填料裝飾料理。

Coulis **醬汁**：用於裝飾料理或甜點的濃縮醬汁或果醬。

Cuajar **使凝結**：使用加熱的方式或混凝劑使高湯或濃湯凝結成黏稠狀。

Decantar **傾倒**：使液體分離其沉澱物，先將液體靜置使雜質沉澱，然後倒入另一個容器中。

Desglasar **去除油脂**：烤過的鐵板或煎鍋加入葡萄

酒以去除殘留的油脂或汁液。

Desbarbar **去除殘渣**：清除煎蛋或裹麵包屑時殘留的汁液，或剪切魚類和海鮮的鬍鬚。

Desbrozar **剪切蔬菜**：將葉類蔬菜和蔬菜無法食用的部分去除。

Desollar **去皮**：去除動物的皮。

Despojos **棄肉**：禽類和四蹄動物頭、腳、脖子、脊等非食用的部位。

Dorar **煎成金黃色**：將食物用火高溫煎炒使其呈金黃色。

Duxelle **洋蔥蘑菇醬**：法式醬料，使用碎的蕈類、生火腿、松露、蘑菇、火蔥製作而成。同樣也可跟切碎的蔬菜混合，用於做為食物內餡。

Edulcorante **甜味劑**：泛指能產生甜味的化合物。可分為糖和甜味添加劑兩種。通常甜味劑指的是甜味添加劑。

Emborrachar **浸泡入味**：將一塊海綿蛋糕放入香味糖漿中浸泡使其均勻入味。

Empanar **裹粉油炸**：將食物裹麵粉、蛋液或麵包屑，之後油炸。

Emplatar **裝盤上菜**：將烹飪完成的料理放入碟子或托盤之後上菜。

Emulsión **乳化**：將兩種原本不相溶的液體混和。像是將牛奶是脂肪和水的混合物、蛋黃醬也是油和水混合物。

Emulsionante **乳化劑**：維持乳化狀態或使兩種不相溶液體混合（例如油和水）的材料。卵磷脂和一些脂肪可做為乳化劑使用。

Emulsionar **使乳化**：攪拌使混合或呈濃稠狀。

Encamisar **包覆內層**：用某些食材包覆模型內層，像是培根、胡蘿蔔等，防止食物沾黏於模型。

Encintar **冰鎮**：鮮奶油、明膠、濃湯加入放入適量的冰塊。

Encolar **上膠**：將液態明膠加入料理。

Enranciamiento **腐臭**：通常是由酵素分解脂肪分子，氧化後的脂肪酸產生不好的味道，形成一種讓人覺得腐臭的感覺。

Enriquecer **使豐富**：將濃縮液體或香料加入食材或料理使它們更美味。

Envejecer **熟成**：將肉類放置等待很長的一段時間（通常是打獵取得的肉）使其味道更強烈。它的同義詞為靜置或使成熟。

Enzima **酵素**：一種做為生物催化劑的蛋白質，它能夠分解或合成物質。

Escabechar **滷**：將食材放入液體中保存並增加其獨特味道。

Escalfar **火燜**：將食物放入水或其他液體沸煮。這個烹飪方式同樣也可稱為悶煮。

Escarchar **使表面有糖霜**：將食物用糖漿覆蓋並靜置一段時間，之後將食物取出，表層將覆蓋一層糖霜。

Escudillar **盛入**：將滾燙的高湯倒入放在湯品上方的麵包。同樣也用於稱呼使用擠花袋擠出凝固或半凝固麵團的動作。當我們填充食物內餡；將烹飪完成的料理倒入托盤；裝飾蛋糕；於烤盤舒展麵團等都須使用這個動作。

Espolvorear **撒粉**：在食物表層撒上糖粉、可可粉或其他粉狀物。

Espumar **去除泡沫**：使用笊籬去除高湯表面的泡沫和雜質。

Esterilización **消毒**：透過消除微生物的方式保存食物。

Estofar 燉煮：用極少的液體或不用液體慢慢烹煮食物。

Estufar 加熱：將酵母放入麵團並用適合的溫度加熱使麵團膨脹或發酵。

Faisandé 野味：較強烈的味道，像打獵來的獵禽肉靜置熟成後的味道。

Farsa 餡料：用各種不同食材混合而成的黏稠狀碎料，用於做為填充的內餡。

Fécula 細澱粉：從塊莖植物（馬鈴薯、木薯等）提取的澱粉。

Fermentación 發酵：由微生物（細菌、真菌）與化合物結合所產生的化學變化，通常是跟碳水化合物結合。但也有例外，像是葡萄酒的蘋果乳酸發酵。

Flambear 酒燒：點燃液體酒精燒燙料理，使料理能有獨特的香氣以及強烈的味道。

Flavour 風味：英文術語，描述對於食物的感官知覺（嗅覺、味覺和觸覺）。

Gelatina (cola de pescado) 明膠（魚膠）：水溶性的蛋白質混合物用作凝膠使用。它的屬性為水膠體。

Gelificante 膠凝：可透過凝膠賦予新的質地和形狀的材料。它的屬性為水膠體。

Glasear 上光：在食物表面塗汁液，放入烤箱後，使表面有漂亮的光澤

Glucosa 葡萄糖：簡單碳水化合物（單糖）。為一種做為甜味劑使用的糖。餐飲和食品工業稱呼這種糖為葡萄糖。

Grasa 油脂：由脂肪酸與甘油結合形成的有機物質（脂）。

Helar 使凍結：將溫度降至4℃以下使混合物凝固。

Heñir 揉麵：用拳頭揉麵團。

Hidratar 用水浸泡：將食材浸泡於水中增加其水分含量。

Hidrato de carbono 碳水化合物：提供生物能量或纖維的生化複合物。

Homogeneizar 使均勻：使混合物均勻混合的過程。

Incisión 切口：在食物表面切割，以利內部肉類烹調。

Lactosa 乳糖：碳水化合物乳製品。

Laminar 切片：將食材以平面的方式切割。

Lecitina (e-322) 卵磷脂 (e-322)：天然食品添加劑，做為乳化劑和抗氧化劑使用。

Levadura 酵母：為一種自然界相當普遍且豐富的單細胞真菌，被用於進行發酵作用。

Levantar 沸騰：將液體煮沸，於90℃沸騰，於75℃時則達到巴士德消毒法。

Ligar 使融合：將液態料理調合成濃稠狀。

Liofilización 凍乾：一種透過真空加熱脫水使物體昇華（從固體變氣體）的技術。

Lustrar 使有光澤：在食物上撒糖粉使其有光澤。

Maillard, reacción de 梅納反應：氨基酸和碳水化合物組合之後非常複雜的化學反應，像是對某些食物施加高溫（鐵板、烤箱、烤、燜等），使食物呈金黃色且擁有獨特的味道。

Marcar 預煮：在烹飪料理前先將食材處理。

Marchar 開始進行：開始著手準備一道料理。

Mirepoix 隨意切塊：將蔬菜任意切成小方塊。

Mise en place 準備就緒：準備好所有烹飪一道料理所需的材料和工具。

Mojar 加入液體：將烹飪料理時所需的液體倒入，或製作醬料或漿汁時將所需液體倒入。

Moldear **使成形**：將食材或食物放入模具使其定型。

Mondar **去皮**：將水果或葉類蔬菜去皮。

Montar **擺盤**：將完成的料理放入盤子或托盤以便上菜。

Napar **淋醬汁**：用醬汁完整的覆蓋食物。

NitrÓgeno liquid **液氮**：沸點為-196℃的元素，為一種氣體，其維持液態的溫度為 -196℃至−21℃。

NutriciÓn **營養素**：所有生物體維持基本生活功能所需的物質，透過食物中養分的供給以確保最佳的生長和發育。

Nutriente **營養成分**：所有對於人體的新陳代謝有用的物質。營養素群體通常被歸為蛋白質、碳水化合物、脂類、礦物質、維生素、水，它們全都是維持身體健康必不可少的營養素。

Olor **氣味**：空氣中易揮發的微粒子與嗅覺器官接觸之後產生的感覺。

Organoléptico **感官知覺**：辨別物質（食物）的能力，可透過感官器官辨別（視覺、嗅覺、觸覺、味覺、聽覺）。

Ósmosis **滲透**：該過程為液體透過滲透膜過濾，從稀釋的溶液變成濃度更濃的溶液。

OxidaciÓn (alimentaria) **氧化（食物）**：該過程為食物與空氣接觸之後老化並變質。這是由於電子的分子或離子（帶電原子）損失所造成，它們轉移到另一個分子或離子，改變兩者的特性。

OxÍgeno (e-948) **氧 (e-948)**：元素。空氣中21%的氣體為氧，為負責食物氧化的元素。像是添加劑（e-948）用於引起和控制氧化。

Pasado **過熟**：指新鮮生食時，該術語指的是食物接近腐壞狀態。指熟食時，則表示食物烹飪過度。

pH **pH值**：透過水溶液測量食材的酸度。

Prensar **擠壓**：為了某種特定目的對食材施加壓力擠壓。

Proteína **蛋白質**：分子中含有氮的生化複合物，有助於構建人體，此外也提供營養。

Punto **適切**：調味料適當用量和烹煮的程度適當。

Quinina **奎寧**：從金雞納型植物（例如金雞納樹）提取的苦味生物鹼。

Rancio **腐壞的**：脂肪經化學變化後所產生不愉快的感官感受。

ReacciÓn **反應**：化學物質和其他反應物質產生作用之後的變化。

Rebozar **用麵團包覆**：將食物用麵粉和蛋包覆。

Rectificar **調整**：調整食物的味道或顏色。

Reducir **縮汁**：透過加熱蒸發方式，減少料理內的液體。

Reforzar **加強**：將醬汁或某種濃縮湯汁加入料理增加其味道。

Refrescar **冰鎮**：將料理放入冷水中以完成烹飪並防止食物變苦。

Rehogar **油煨**：使用部分或全部油脂烹飪，且不改變食物顏色。

Roux **奶油麵糊**：使用等比例的奶油和麵粉製作而成。顏色可為白色、金色或暗色。

Sabor **味道**：為味覺和嗅覺的特性，感受瀰漫在嘴和鼻後的氣味，以確定食物的口味。

Sacarina (E-954) **糖精 (E-954)**：使用苯（由6個碳原子組成的有機化合物）製成的人工產物，做為甜味添加劑使用。

Sacarosa **蔗糖**：糖的化學名稱。它是一種葡萄糖（右旋糖）和果糖連接形成的碳水化合物。果糖

為提供大部分甜美味道的主要供給者。

Salamandra 火爐：在專業廚房使用，用於替食物上光、烘烤，烤成金黃色。燒烤架若附帶有爐火門，則有相同的功能。

Salar 加鹽：替生食加鹽。

Salmuera 鹽滷：用鹽和水調製而成的液體，有時可添加一些芳香元素。

Saltear 炒：將少許的油加入食物之後用大火翻炒以防止食物黏鍋。

Sazonar 調味：透過鹽或其他調味料使食物的味道突出。

Sofreír 微煎：使用油脂慢慢地料理。。

Soluble (producto) 可溶性（食材）：透過其物理或化學特性可溶解於另一種溶解液的食材。

Sudar 使食材出水：將食材抹鹽（特別像是櫛瓜或茄子的蔬菜）之後靜置，以去除其酸味和強烈的味道。同樣也用於稱呼用油脂烹煮食材，並用自己所產生的蒸氣烹煮，且烹煮完成後不變色。

Tamizar 過篩：分離，透過篩子輔助，過濾掉粉狀食材中較粗大的顆粒，例如麵粉。

Textura 質地：食物給人感官感受的物理性質（密度、黏度、表面張力、硬度），特別是觸感。

Trabajar 調製：翻動或攪拌醬汁。

UHT (uperización) 超高溫消毒法：一種滅菌的方式，以140℃至150℃的溫度燙食材2至4秒，以去除所有的微生物。

Umami 鮮味：日本用於區分五種基本味道中的其中一個味道。它是一種類似金屬或礦物質的味道。

Volátil 易揮發的：用於形容分子蒸發、溶解、或懸浮於空氣中的情況。

Xantana (goma) (e-415) 黃原膠 (e-415)：用於做為增稠添加劑和穩定添加劑的纖維性碳水化合物。它的屬性為水膠體。

食譜索引

基礎湯底

醬汁和附屬材料

解說索引

西班牙廚神 瑪 · 洛卡 的烹飪技藝大全：

全球第一餐廳 El Celler de Can Roca

從廚房管理、食材研究到工具運用，75 道精緻料理 +17 種經典醬汁（暢銷典藏版）

作者	瑪·洛卡（Joan Roca）
譯者	陳怡婷
審訂	黃瑞敏
責任編輯	曹仲堯、葉承享
封面設計	蕭旭芳、郭家振
內頁排版	唯翔工作室
行銷企劃	蔡函潔

發行人	何飛鵬
事業群總經理	李淑霞
副社長	林佳育
副主編	葉承享

出版	城邦文化事業股份有限公司 麥浩斯出版
E-mail	cs@myhomelife.com.tw
地址	104 台北市中山區民生東路二段 141 號 6 樓
電話	02-2500-7578
發行	英屬蓋曼群島商家庭傳媒股份有限公司城邦分公司
地址	104 台北市中山區民生東路二段 141 號 6 樓
讀者服務專線	0800-020-299（09:30 ~ 12:00；13:30 ~ 17:00）
讀者服務傳真	02-2517-0999
讀者服務信箱	Email: csc@cite.com.tw
劃撥帳號	1983-3516
劃撥戶名	英屬蓋曼群島商家庭傳媒股份有限公司城邦分公司
香港發行	城邦（香港）出版集團有限公司
地址	香港灣仔駱克道 193 號東超商業中心 1 樓
電話	852-2508-6231
傳真	852-2578-9337
馬新發行	城邦（馬新）出版集團 Cite（M）Sdn. Bhd.
地址	41, Jalan Radin Anum, Bandar Baru Sri Petaling, 57000 Kuala Lumpur, Malaysia.
電話	603-90578822
傳真	603-90576622
總經銷	聯合發行股份有限公司
電話	02-29178022
傳真	02-29156275

製版印刷	凱林彩印股份有限公司
定價	新台幣 650 元 / 港幣 217 元

2020 年11月修訂 2 版 · Printed In Taiwan
ISBN：978-986-408-361-9

版權所有 · 翻印必究（缺頁或破損請寄回更換）

國家圖書館出版品預行編目 (CIP) 資料

西班牙廚神瑪.洛卡的烹飪技藝大全：全球第一餐廳 El Celler de Can Roca 從廚房管理、食材研究到工具運用,75 道精緻料理 +17 種經典醬汁 / 瑪.洛卡（Joan Roca）著 . -- 修訂一版 . -- 臺北市：麥浩斯出版：家庭傳媒城邦分公司發行 , 2018.02
　　面；　公分

ISBN 978-986-408-361-9（平裝）

1. 烹飪 2. 食譜

427   107001225